U0091867

變中求勝

心領神會的領導藝術

LEADERSHIP ART

重新理解權力的本質，塑造有效的影響力，成為卓越的領導者

潘鵬 著

探索領導與管理之間微妙關係
重新理解領導的本質

每個領導者應具備的技能和智慧
如何靈活運用不同的領導風格
激發團隊的潛能，提升團隊效率

目錄

序言

第一章　洞悉大勢——領導與管理

1.1　何謂領導、領導者以及領導力……………………010

1.2　開創組織的未來與無限可能……………………028

第二章　明察秋毫——領導者掌握人心的方法

2.1　領導者的必備技能：洞察與委任……………………058

2.2　如何評估員工工作表現……………………062

2.3　分類與應用工作執行力……………………086

第三章　變中求變——探索領導藝術的奧祕

3.1　領導者的行為……………………102

3.2　領導者的風格……………………104

3.3　領導風格的靈活運用……………………133

3.4　實踐正確的領導……………………142

第四章　權力與影響力 —— 領導者的利器

4.1　領導者對權力的理解…………………………… 154

4.2　塑造有效的影響力…………………………… 165

第五章　無為而治 —— 構建組織系統的領導智慧

5.1　建立組織優勢…………………………… 196

5.2　系統的作用以及應用…………………………… 200

5.3　建構系統領導力的三個層級 …………………… 208

5.4　建立組織系統的實體策略 …………………… 217

第六章　以願景激勵人心

6.1　塑造激勵人心的願景…………………………… 226

序言

美國管理專家霍根（Robert Hogan）曾經做過一項調查，他說：「無論是在哪裡，無論是在什麼時候進行調查，無論你針對的是什麼樣的產業，60% 至 75% 的員工會認為在他們工作中，最大的壓力和最糟糕的感受是來自於他們的直屬上司。」霍根進一步指出：在美國不稱職的經營管理者的比例占到了 60% 至 75%；德國人在過去的 10 年中，大概有一半的高級主管在管理方面是失敗的。

以上是國外的調查結果，那麼在亞洲，也存在這種情況。有一項關於一家的航空公司的調查，發現不稱職的經營管理者的比例占了一半。調查報告顯示最普遍的兩類抱怨是：

基層管理者不願意履行他們的權威，他們不願意面對問題和衝突，缺乏自信，這個比例占了 20%；

管理者欺壓下屬，讓下屬沒有喘息的機會。

從這些調查中，可以得出一個結論：

下屬對於主管的威信、影響力、績效產生了懷疑！

現今社會環境，有 8 大變化趨勢：

1. 不確定性更加突出
2. 人是第一位的因素
3. 我們的關係更密切
4. 社會資本

5. 經濟全球化
6. 速度
7. 勞動力的變化
8. 人們內心渴望有意義的生活

身處於這個多變難測的時代，管理者所應具備的「領導力」比任何時刻都來得重要。過往我們僅僅只是為了改變他人行為來達到提升管理績效，但這種改變能維持多久呢？

我們都知道，行為源於意識、價值觀。而意識、價值觀是不會因為外界行為而發生變化的，它們只能被外界行為所影響。

引用領導力大師保羅·赫塞[001]的一句話：

領導是試著影響他人的一種行為，而有效的領導是針對被領導者個人或團隊績效的需求，然後適當地調整自己的行為。

每個管理者都想成為真正的領導者，每個管理者也應該致力於使自己成為真正的領導者。

在過去的100年間，管理／領導可以說是一件非常簡單的事情，比如說，在上個世紀中前期階段，領導一個人和管理一個機器也沒什麼區別。同樣的，一個工人和另外一個工人也沒有區別，但是工人和管理者之間的區別卻很大。

但是，時代早已經改變了管理：一方面，我們不能再把人當成機器，人和機器的區別前所未有的大，同時每個個體的之間的區別也必須令我們重視。

時代也改變了領導者和被領導者的關係：權力正在轉移。如果你是

[001] 保羅·赫塞（Paul Hersey）世界組織行為學大師、全球領導力大師、美國領導力研究中心（CLS）創始人、主席，情境領導模型創始人。

上了年紀的領導者，面對年輕的新員工，你一定會發出如此感嘆：領導從未如此艱難！下屬再也不像下屬了！

權力的轉移，表面上看對領導者來說是個噩耗（它使管理和領導工作變得更艱難了）但是它對整個社會的推動來說，卻是福音。

正是這個平等、開放、透明的時代，我們才有可能真正認識領導和領導者，真正去做一番偉大的事業！

不過，時代的餽贈也是有代價的：我們單純依靠「管理行為」已經不能解決今天的領導問題，管理者首先要學習成為真正的領導者，然後再去學如何去領導人。

現今的時代變化萬千，比歷史上的任何一個時間都要高速和複雜，世界變得透明且平面化，所有人都被親密地連繫在了一起。這就對領導者提出一個要求：

在這麼複雜且快速變化的環境中，在權力不斷轉移和傳送的企業中，在未來，你該如何實施自己的領導力？

這正是我們今天所要學習和努力的方向：我們將再三地審視我們的想法，向一些守舊的管理理念挑戰，突破自我的侷限，重新發掘自己的領導潛力。

我相信，在閱讀此書的過程中，你可以重新獲得答案，建立新的思維模式，建立行之有效的領導系統。在這本書中，你獲得的將不僅僅是指導和啟發，更重要的是全新的思維模式，突破自己的勇氣和重構系統的美好意願與信心。

第一章

洞悉大勢 —— 領導與管理

1.1 何謂領導、領導者以及領導力

領導 VS 管理

★ 領導和管理的區別

拿破崙[002]說：一隻獅子率領的一群綿羊，可以打敗一隻綿羊率領的一群獅子。每當我在培訓中把這句話亮出來，問學員他在強調什麼？得到的回答基本一致：他在強調領導或領導者的作用。而當我再問：「您認為什麼是領導」的時候，答案就大相逕庭了。最明顯的失誤是：很多學員往往把領導和管理的概念混淆在一起。

在日常工作中，管理者每天都在踐行領導和管理的行為。但何為「領導」何為「管理」呢，兩者有什麼區別呢？

管理（Manage）的詞根本意是：手。由此，我們可以引申聯想到的一系列行為，包括：操作、控制等。管理是掌控，控制組織的內部活動，因此，管理的範疇應該是向內的，聚焦於組織內部，只有向內看清楚，我們才能有效地操控。

領導（Lead）的詞根本意是：走。由此，我們可以引申聯想到的一系列行為，包括：方向、去哪兒等。領導是引領方向，帶領組織到達某

[002] 拿破崙（西元 1769 年 8 月 15 日至西元 1821 年 5 月 5 日），出生於科西嘉島，西元十九世紀法國偉大的軍事家、政治家，法蘭西第一帝國的締造者。

一個地方，領導的眼界應該是向外的，延伸到組織外部，只有目光遠大，才能指引方向。

再者，管理和領導都是動詞。我們從狹義的動作對象來考慮，同樣可以對管理和領導做出明顯的區分。

比如，我們在工作中必須嚴格進行財務管理、時間管理或目標管理等等，我們在強調上述事項的時候，我們非常習慣字尾的動作是管理。我們沒有聽說財務領導、時間領導或日標領導的。我們在什麼情況下才會出現領導行為呢？比如，我們可以說孫中山領導了辛亥革命——發現了嗎，我們在這些情境下，又只能出現領導這種行為，而沒有會去說管理了革命或是起義。那到底什麼該管理，什麼又該領導呢？聰明的你一定發現了其中的重要區別。

管理的動作對象是「事」，領導的動作對象是「人」。管理的行為可以單獨存在，而領導這個行為只要出現，就必須要有作用的對象——人。沒有人，我們無法進行領導。所以，我們從狹義的角度理解，領導是對他人或團隊進行影響的一種行為，這種影響包括各個方面的影響。這就是很多時候我們在工作中犯的錯誤：當我們在思考如何管理人的時候，我們的領導力必然就出了問題。

人不應該被管理，只能被領導。請問：現實中，有多少人喜歡被他人管著？少之又少。而反思管理者的頭腦裡又在想什麼——我要如何管好人。這就陷入了一個悖論——己所不欲，勿施於人！既然我們自己並不喜歡被別人管著，管理者為什麼要想去管理他人呢？其實，當我們在開展工作時，不應認為是在管理員工，而應是設法讓員工發揮作用。美國領導力演講大師麥斯威爾（John Maxwell）說：「人們才不想被管著，他們要的是引導。領導者指引人們，而不是管束人們。」

表：領導和管理

內容	領導	管理
關注	人	事
眼界	戰略性	戰役和戰術性
特點	心理性	物理性
重點	前瞻性	保持性
方法	藝術性	科學性
核心	變革	控制
產出	願景和激勵	制度和流程

★領導與管理之間的平衡

我們在工作中要同時做好管理和領導這兩項工作，並且要能夠做到「兩全奇美」。管理工作和領導工作必須並重，要像高空漫步一樣保持平衡，偏重任何一項而忽視另一項都會產生致命問題。

如果管理過分而領導不力，就會導致以下結果出現：

1. 非常強調短期行為，而忽視長期發展；
2. 過分注重專業化，而忽視整體平衡；
3. 過分側重於抑制、控制和預見性，而失去員工的創造性。

總之，管理過分、領導不力的組織有一種刻板的面貌，不具備創新精神，對於企業來說，就不能處理市場競爭和技術環境中出現的重大變化，衰退是必然的結果。

如果領導有力而管理不足，會導致以下結果出現：

1. 強調長期遠景目標，而不重視近期計畫和預算；
2. 產生一個強大團體文化，不分專業，缺乏系統和規則；
3. 鼓動那些不願意運用控制體制和解決問題的原則的人集結在一起，導致狀況最終失控，甚至一發不可收拾。

★「馬車理論」與「方圓之道」

領導和管理的關係就像是「馬車」中「馬」和「車」的關係。領導是馬，唯馬首是瞻，提供動力並引導方向；管理是車，車的設計與構造，以及與馬的匹配等等，是管理的作用。馬和車只有合理匹配，才能發揮出馬車的最大效用。

管理和領導的道理，簡單理解也可以用「方圓之道」來解釋。當我們在管理事、領導人的時候，我們什麼時候該用「圓」思維？什麼時候用「方」思維呢？

毫無疑問，管理用方思維，領導用圓思維。

管理用方思維

管理的作用對象既然是事，我們在做事情的時候就必須設規矩、定原則，確定流程等等，一句話「沒有規矩不成方圓」。所以，管理遵循的是「標準化」。標準化的結果就要分「是非對錯」，而對錯的依據便是「標準」。符合標準的便是對，不符合標準的便是錯。並且，組織內的標準只能有一個。如果標準不止一個，人們在遵從標準的時候便無所適從。

領導用圓思維

領導的作用對象是人，而人是沒有標準的。就像諺語所說「世界上沒有兩片樹葉是完全相同的」。連樹葉都不相同，更何況人了。每個人都有自己的獨特性，並且，即便是同一個人，在不同的情境下表現也不一樣。既然人是如此的不確定性、多樣性，我們在領導人的時候，也應做到靈活，因人而異及因變而變。所以，領導力的領域裡沒有放之四海而皆準的定律、原則，有的只是理念。並且，領導力的範疇裡我們也沒有絕對的是非對錯之分，沒有標準化的領導行為，而只有是否合理的結論。最終，領導力的結果不是衡量對錯，而是尋求是否恰當。如果領導行為是恰當的，便是好的；如果不恰當，就是有問題的。

現實中，管理和領導的思路怎麼運用？

領導情境 1：

如果員工好心卻辦了錯事，應該獎勵還是處罰呢？

這個問題就需要我們從管理和領導兩個方面共同來考慮了。首先，不管員工在動機上如何，他辦了錯事。管理考量的是事件或結果，並要有是非對錯之分。那麼，只要是辦了錯事的員工，具體錯在哪裡，我們按制度標準來評判即可。該怎麼處罰就怎麼處罰、該處罰到什麼程度就是什麼程度，這沒什麼疑問。問題是他有好心！這個時候如果只是一罰了事，毫無疑問會打擊人的積極性，並且也會影響其他人對付出「好心」的看法和感受。怎麼辦？這時候我們就要再針對人的問題從領導力的角度來分析。這樣簡單處罰合不合理？就這樣分析處理問題恰當嗎？顯然又不是。人的動機和善念應該得到更好地保護和激發而不是受到打壓，所以，我們應該對「好心」的部分進行保護甚至獎勵。

也就是說，對於這樣的問題，我們無論單純的只是從事的角度還是人的角度出發，都不能得到最好的結果。而是要人和事並重，結果和態度分別放在不同的「籃子」裡來處理。

領導情境 2：

如果員工確實辦了錯事，你了解後很生氣，請問你可不可以發脾氣？

每次我在培訓中問到這個問題的時候，學員們給出的答案總是比較「兩極化」，要麼就認為「可以發」，要麼就認為「不可以」。那你認為呢？

其實，這個問題是個基本的「領導力」問題。發不發脾氣，這不是對事，而是對人的問題。因為發脾氣的作用對象必然是人而不是事，你不可能對著一堆問題或錯誤發脾氣，你只能對著肇事者本人來宣洩，讓對方感受到你的情緒才可能具備影響效果。

既然是領導力的問題，我們就要明白，這個時候我們需要用「圓」思維來思考，答案一定不是帶有對錯觀的標準化答案。所以，無論是回答「可以」還是「不可以」都是不恰當的。那怎麼回答才好？這裡我給提供一個接近於「萬金油」式的答案 —— 看情況。

當你不能準確進行解答的時候，就回答「看情況」吧。的確，領導力的答案從來都不是那麼簡單的，因為人是不斷變動的，而人所處的情境也是不一樣的。即便是回答能不能發脾氣這個基本問題，最起碼也要考慮四個要素，否則答案就不會恰當。這四個要素作為領導力基本思考的 4 個 W：分別是 when，where，what，who。綜合來講，領導力的回答基本要從上述四個方面來考慮：不同的時機、不同的場合，不同的事件、不同的對象，我們要採取不同的行為，不能一概而論。所以，在領導力的問題中，再次強調：沒有標準答案！

★管理要簡化，領導要豐富化

對於管理者來說，管理要學會簡化。因為，管理的錯誤和管理的流程是平方關係。如果管理流程只有一個，出錯的機率就是 1；如果管理的流程再增加一個變成 2，出錯的機率不是 2，而成了 2 的平方，也就是 4；如果管理的流程再增加三個變成 5，出錯的機率就成了 25……總之，管理流程越多，管理系統越複雜，出錯的機率也就越高。所以，在管理上我們秉持的宗旨是減少管理流程、壓縮管理流程，讓管理系統進行簡化而不是複雜化。今天，我們看到網路世界的崛起，其核心作用之一就是讓複雜的事情變得簡單。

而對於領導力來說，要不要也簡化呢？正好相反，在領導力的領域中，我們非但不能簡化，而是最好要豐富化。因為領導力是門藝術，無論是從廣義還是狹義角度來看，其面對的都是不確定性的人和因素，因而其內涵越豐富越好，其手法越豐富越好。其具體展現就是領導人的時候，不可能用同一種手法或方式對待所有的人，而必須做到「因人而異」。

說起領導手法，四大名著《水滸傳》中有位高人，就是梁山一百〇八條好漢的首領「渾號呼保義，又號及時雨」宋江[003]。宋江手下107個兄弟，可謂龍蛇混雜，林林總總。上至達官貴人，下到無賴小偷，有憑腦子吃飯的、有憑技術吃飯的、更有憑好勇鬥狠吃飯的，面對這麼多形形色色的手下，一個根本就沒有功夫的宋江竟然成了這群人的「老大」，並且把隊伍帶的有聲有色，日漸壯大，其領導力自是非凡。

表現宋江領導力有這麼一個情節，就是宋江和兄弟們攤牌詔安的一段：

《水滸傳》

重陽節宋江擺重陽菊花宴，與和眾兄弟飲酒取樂，又趁著酒興作〈滿江紅〉一詞。寫畢，令樂和單唱這首詞，道是：

喜遇重陽，更佳釀今朝新熟。見碧水丹山，黃蘆苦竹。

頭上儘教添白髮，鬢邊不可無黃菊。願樽前長敘弟兄情，如金玉。

[003] 宋江（西元1091年至西元1124年），字公明，施耐庵所作古典名著《水滸傳》中的第一號人物，為梁山起義軍領袖。

統豺虎，御邊幅；號令明，軍威肅。中心願
平虜保民安國。日月常懸忠烈膽，風塵障卻奸邪目。
望天王降詔，早招安，心方足。

樂和唱這個詞，正唱到望天王降詔早招安，只見武松叫道：「今日也要招安，明日也要招安，去冷了弟兄們的心！」「黑旋風」便睜圓怪眼，大叫道：「招安，招安，招甚鳥安！」只一腳，把桌子踢起，顛做粉碎。

宋江大喝道：「這黑廝怎敢如此無禮？左右與我推去，斬訖報來！」眾人都跪下告道：「這人酒後發狂，哥哥寬恕。」宋江答道：「眾賢弟請起，且把這廝監下。」眾人皆喜。有幾個當刑小校，向前來請李逵，李逵道：「你怕我敢掙扎。哥哥殺我也不怨，剮我也不恨，除了他，天也不怕。」說了，便隨著小校去監房裡睡。

宋江聽了他說，不覺酒醒，忽然發悲。吳用勸道：「兄長既設此會，人皆歡樂飲酒，他是鹵鹵的人一時醉後衝撞，何必掛懷，且陪眾兄弟盡此一樂。」宋江道：「我在江州醉後，誤吟了反詩，得他氣力來，今日又作〈滿江紅〉詞，險些壞了他性命！早是得眾兄弟諫救了。他與我身上情分最重，因此潸然淚下。」便叫武松：「兄弟，你也是個曉事的人，我主張招安，要改邪歸正，為國家臣子，如何便冷了眾人的心？」魯智深便道：「只今滿朝文武，多是奸邪，矇蔽聖聰，就比俺的直裰，染做皁了，洗殺怎得乾淨？招安不濟事，便拜辭了，明日一個個各去尋趁罷。」宋江道：「眾弟兄聽說：今皇上至聖至明，只被奸臣閉塞，暫時昏昧，有日雲開見日，知我等替天行道，不擾良民，赦罪招安，同心報國，青史留名，有何不美！因此只願早早招安，別無他意。」眾皆稱謝不已。當日飲酒，終不暢懷，席散各回本寨。

次日清晨，眾人來看李逵時，尚兀自未醒，眾領袖睡裡喚起來說道：「你昨日大醉，罵了哥哥，今日要殺你。」李逵道：「我夢裡他不敢罵他，他要殺我時，便由他殺了罷。」眾弟兄引著李逵，去堂上見宋江請罪。宋江喝道：「我手下許多人馬，都是你這般無禮，不亂了法度？且看眾兄弟之面，寄下你項上一刀，再犯必不輕恕。」李逵喏喏連聲而退，眾人皆散。

當宋江詔安詞一出，武松率先發飆。但是宋江此時不能批評武松，因為武松是義士，某種程度上武松說的也是大家的心聲，如果此時宋江制裁武松，梁山兄弟們恐怕是不會服宋江的。

這時黑旋風李逵「不識相」地附和了武松，罵了髒話，然後踢了桌子。

這時宋江開始制裁李逵，說：拖出去斬了。但實際上此時的宋江其實只是藉助李逵來演戲，並不是真的想殺他。

領導者看問題看的是細節，當事情有「萌芽」的時候，先把問題控制住，而不是等問題發酵了再來處理。

宋江話一出，這個事情就等於控制住了。

這個領導方式非常地靈活：在武松說話的時候不管他，在李逵發飆之後立刻就制裁他。宋江一發火，眾人就知道今天不能再反對詔安。

等到了第二天，李逵來請罪，宋江又高高拿起、輕輕放下，因為這時他已知錯，事態也控制住了，再制裁就沒有必要了。

這些都展現了宋江深厚的領導智慧和豐富的領導手段。

分析完宋江，我們可以說，對於領導者而言，有兩個重要的評價指標：

第一，你能帶得了什麼樣的團隊？

第二，你能把團隊帶成什麼樣子？

第一個問題，是看你的領導能力。能力有範圍，是座標中的橫軸。你能帶的團隊類型越廣泛越複雜，就說明你的領導能力越強；第二個問題，是看你的領導水準。水準有高低，是座標中的縱軸。你能把團隊帶到什麼樣的高度，說明你的領導水準有多高。

能讓優秀的團隊做出優秀的業績，嚴格意義上說，不能算領導者有水準；真正出色的領導者，是能夠讓平凡的團隊做出不平凡的業績，這才是領導力的展現。

何為「領導者」？

擁有追隨者，才是領導者

拋除理論的定義不談（而且目前也沒有公認的對領導者的定義），現實中比較容易界定和度量的領導者定義是：只要擁有追隨者的人，我們就可以稱之為領導者。

在組織裡什麼樣的人可以成為領導者呢？是不是組織裡金字塔頂端的人就是領導者？還是掌握了某方面的資源或權力的人就是領導者呢？其實，在組織中擁有職位、權力和下屬的人並不一定是領導者，更為貼切的說法應該是管理者。只有那些能夠把自己的下屬變為自己追隨者的人，我們才說他是真正的領導者。領導者和職位沒有關係，和在組織中所處的層級沒有關係，只要他擁有追隨者，他就是領導者。國外有許多工會組織領導員工與企業對抗，甚至舉行罷工。那些召集罷工的人在企業裡並沒有什麼所謂的領導性職務，但他們是員工的代表，他們是員工值得信任和追隨的人，所以，在這個時候他們才是員工真正的領導者。

那麼，管理者怎麼知道自己是不是領導者呢？只需要問自己一個問題即可，這個問題是：如果我沒有了職位和權力，我的下屬是否還會聽令於我？如果你的回答是「YES」，恭喜你，你就是真正的領導者，你是一個受下屬信任和追隨的上司；如果你的回答是「NO」，真的很遺憾，依靠職位和權力讓下屬行事的人，還不是真正意義上的領導者。

請思考，一群孩子在一起，玩的時間久了之後會不會產生一個「孩子王」？一定會。那這個「孩子王」我們就可以稱之為孩子中的領導者。撿破爛的形成了組織，我們可以美其名日「丐幫」。請問丐幫有沒有幫主？也是有的。這個幫主也是這個組織的領導者。那麼，孩子王和丐幫幫主憑什麼可以稱之為領導者呢？這兩個角色之間有什麼相似之處呢？答案是：他們都有追隨者。孩子王之所以稱之為「王」，是因為有其他孩子願意跟隨他，和他在一起。這裡沒有人賦予孩子王職責與權力，但孩子們願意聽他的指揮和安排，一起玩他制定的遊戲；丐幫幫主同樣也是因為獲得了其他成員的信任和依賴，願意團結在他的身邊，以他馬首是瞻，於是，他成了團隊的「核心」，擁有了其他人對他的追隨。

今天，我們往往把主管和領導者搞混了。主管只不過是擁有領導性質職務的人，並不算真正的領導者，而是管理者。嚴格意義上來說，領導人也不一定是領導者。比如，韓國第 17 任總統朴槿惠在位的時候，她是韓國的領導者嗎？不，嚴格意義上來說，她是韓國的領導人，是韓國政治中具有最終決定和最高地位的人。但是，當被曝光「親信干政並貪腐」後，民眾的憤怒徹底被點燃了，連續舉行上百萬人規模的大遊行，要求其下臺，最終被遭「彈劾」鋃鐺入獄，成為韓國歷史上第一個在任期間被彈劾下臺的總統。在這裡我們可以看到，朴槿惠雖然是韓國最高權力者，但並沒有得到大多數民眾對她的信賴和追隨，其最低點的民意調查結果支持率只有區區的 5%，這個數字幾乎可以忽略不計了。所以，看到朴槿惠這樣的結果，我們不得不說，她曾經是韓國的領導人，但並不是韓國民眾真正的領導者。

成為優秀領導者的三大命題

能夠獲得追隨者的人我們稱之為領導者，但並不是有追隨者就可以成就優秀的領導者。要想成為優秀的領導者，你必須得清楚領導者的三大命題。

做個情境模擬。假設：今天你和你的同事們正在一起工作，突然進來了一個人，對你們說：「嗨，我是你們新來的領導者。」請問，這時候你最想問他什麼問題？一般來說，人們最關心的是領導者的「三大問題」：

第一個問題：你是誰？

第二個問題：你要做什麼？

第三個問題：你要帶我們去哪裡？

這是人們對領導者最基本的三大疑問，也是確立領導者自身「領導哲學」的三大基本命題。

其實仔細想想，人們渴望知道的領導者的問題，不也是人類哲學中不斷探究和思考的問題嗎：「我是誰？我從哪裡來要到哪裡去？我來到這個世界要做什麼的？」這也是優秀領導者必須思考的問題。優秀的領導者必須有自身信奉的領導哲學。因為在現實中，領導者面對問題的時候很少是憑科學，大多數的時候都是憑自身的處世哲學。唯有清晰而篤信地建立起自身的領導哲學，領導者才能讓團隊和自己達成共識，帶領團隊知行合一。

確立領導哲學的根基是明定組織的三大命題：願景、使命和價值觀。這三大命題是領導者推行各種理念的準則和依據，是領導組織的「基本法」。

願景是什麼？是領導者和組織未來要達到的目標和里程碑，解決的是「到哪裡去」的問題；

使命是什麼？使命是領導者和組織存在的意義和價值，解決的是「做什麼」和「為什麼做」的問題；

價值觀是什麼？價值觀是領導者和組織的是非標準和重要度排序，解決的是「對錯是什麼」和「什麼重要」的問題。

這三大命題緊扣我們剛才提出的情景模擬假設，很好的回答了「你是誰」、「你要做什麼」和「你要帶我們去哪裡」。

你是誰？歸根究柢是價值觀的問題，領導者重視什麼、領導者認為什麼是對的什麼是錯的、領導者提倡什麼反對什麼……由此，領導者把自己和其他人區別開來。價值觀像人生中的指南針，面對外界的各種紛紛擾擾始終指引我們正確前行，不受干擾、不會迷航。

你要做什麼？歸根究柢是使命的問題。領導者定義清楚了自己的意義和價值，就確立了自己存在的理由，並知道自己需要全力以赴去做什麼、實現什麼。使命像人生中的聚焦鏡，把我們的能量都聚焦到一個點上，由此形成優勢突破。

你要帶我們去哪裡？歸根究柢是願景的問題。領導者心中充滿想像，想像未來的美好景象，確立了自己心中渴望到達的目的地，才能闊步前行。願景像人生中的燈塔，劃破黑夜，指明方向，照亮前行的旅途。

領導者只有把願景、使命和價值觀這三大命題想清楚，並形成自己堅定不移的信念，才有力量去指引自己的組織，感召團隊中的所有人，並形成獨特的組織文化，讓團隊形成「精神共同體」，再透過利益互動，讓團隊形成「利益共同體」。只有精神共同體和利益共同體結合起來，才會形成真正的「事業共同體」。

卓越領導力的養成

領導力並非某些人與生俱來的專利，而是任何人都能夠擁有的、讓自己同時也讓他人發揮出最大潛能的一種手段。只要挖掘潛能，每個人都能成為一個成功的領導者。 —— 詹姆士．庫塞基[004]、貝瑞．波斯納[005]

只要你願意挖掘自己的潛力，你的領導力就會得到躍進。

★ 領導力在磨練中提升

溫室裡可以養出嬌豔的花朵，但種不出參天大樹。同樣，一帆風順並不能培養人的能力，巨大的困難造就偉大的品質，催生不同凡響的力量。領導者只有經歷了「熔爐」般的歷練，才能攀上領導力的巔峰。領導者經歷的各種熔爐：有人學習登山，有人學習空手道，有人失去親人；有人融入陌生文化。這些經歷轉變了領導者，讓他們發現新的自我，掌握新的技能，突破了曾經的束縛，從過去中解放出來。

杜魯門[006]戴著可樂瓶底一樣的厚眼鏡，很多人認為他缺乏男人味，他也這樣認為。他是 20 世紀唯一沒有上過大學的美國總統。33 歲時他

[004] 詹姆士．庫塞基（James Kouzes）是湯姆彼得斯公司（Tom Peters Company）的榮譽退休主席，該公司是幫助組織使用領導力培訓和解決方案來創造一個新工作環境的專業服務公司。

[005] 貝瑞．波斯納（Barry Posner）：世界知名的學者和教育家，聖克拉拉大學李維商學院的院長和領導力教授。他在那裡獲得了許多教學和創新獎，包括他的學院和大學的最高教職員工獎項。

[006] 哈里．S．杜魯門（Harry S. Truman，西元 1884 年 5 月 8 日至 1972 年 12 月 26 日），美國民主黨政治家，第 32 任副總統（1945 年），隨後接替因病逝世的小羅斯福總統，成為了第 33 任美國總統。今日的歷史學者仍視他為最出色的美國總統之一。 在美國有線電影頻道邀請 65 位權威歷史學家所作的調查中，杜魯門位列最受愛戴的美國總統第五名。

參加一戰，帶領砲兵連經歷了生死考驗。孚日山戰役，他的連隊受到了伏擊，戰士們驚恐萬狀，有的現場逃遁。而他卻躍出戰壕，站在炮火中指揮逃兵回去戰鬥，用他在軍校中聽到的過去曾辱罵他的字眼，訓斥這些逃兵。在宛如「戰神」降臨的場景下，他的手下為其壯舉而「震撼」，轉而鎮定下來，和德軍進行了殊死抵抗。這位在生死之間的巨大恐懼中仍然拒絕後退的人，成為了團隊裡真正的領導者。由此，他帶領這些人度過了那個最恐怖的夜晚，許多人因為他才能夠最終安全回家，這些人餘生都忠誠於他。

要知道：在逐步成為領導者的過程中，領導力的磨練是不可或缺。並且，真正的領導地位往往形成於某個重大事件之後。我們稱這些事件為「關鍵事件」，而誕生這些事件的時刻，就是「領導力時刻」。這些情境下，誰表現出了組織和團隊成員所欠缺的能力和素養，誰就成為了真正的領導者。

領導力增長的動力和阻力

領導力的增長過程中，會遇到一些動力和阻力，這些動力和阻力來自於我們的職業經歷。

什麼是動力？顧名思義：動力就是能夠促進領導力增長的經歷。

什麼是阻力？阻力就是阻礙領導力增長的經歷。

★促進領導力增長的動力

動力 1. 在職業生涯早期就承擔挑戰性工作

挑戰成就卓越。一個領導者如果總是固守現狀，那這個領導者是不可能有卓越成就的，因此早期承擔的工作越多，承受的壓力越大，遭遇的挫折越多，對領導者的領導力增長就越有幫助。這些可以幫助領導者拓展相關能力，了解自身在領導力方面的強項與弱點，並在諸多與領導力有關領域裡成長，嘗試進行領導行為，讓領導者得以從成功或失敗的實踐中學習。

動力 2. 身邊有非常好或者非常差的領導者榜樣

無論是好的榜樣還是差勁的榜樣，只要特點突出，都會給我們強烈的啟示和震撼。因此，職業生涯初期最幸運的事就是遇到一個有明顯缺點的好領導者，這樣可以讓我們從正和反兩個方面都有所受益。我本人剛剛進入職場的時候，就有幸遇到了一個有明顯缺點的好上司。首先，他是一個有成人之美的人，是真的希望每個下屬能夠超過自己，他很願意舉薦下屬、給下屬機會，促使下屬快速成長。同時，只要你做出成績，他就不遺餘力向他的上司進行推薦。做他的下屬，總是會快速地成長和被提拔起來。但是這個人又有一個明顯的缺點：好罵人。他性格急躁、文化程度不高，罵人也罵得很狠。每次都把人罵到體無完膚、悲痛欲絕為止。但是每次他罵完人又會給你新的機會。所以，做他的下屬，感覺自己就是在兩個極端中不斷地衝突搖擺。由此，我暗暗下定決心，未來我坐了他這個位置，一定要有一顆包容之心，絕不要像他這樣粗魯地對待下屬，讓下屬信心受挫，搖擺不定。因為我深深體會過這種痛苦。看明白了吧，不當行為對領導者的成長也是一種學習和影響。我的這位上司，就讓我從正和反兩個方面都得到了學習。

動力 3. 承擔拓展能力的任務

拓展能力的任務是指能夠對知識面的廣度和技能的鍛鍊造成能力提升的任務，這些任務可以拓寬領導者的視野，磨練其心性，這對領導者未來確定組織的發展方向非常重要。還有，透過拓展能力的各項任務，領導者在職業生涯早期就得以廣泛的人際交往，為自己日後儲備下良好的履歷和人脈資源，這些都對領導者未來的工作打下了堅實的基礎。

★阻礙領導力發展的阻力

阻力 1. 一系列範圍狹窄的策略性工作

在許多大公司裡，分工是相當細緻和精確的，管理者是從集權化、具體化的等級做起，做這樣的工作會導致人們更注重短期目標，並以策略為導向，即使得到過多次提升，人們其實仍是在年復一年重複過去的工作，而結果就是，這樣多年下來的管理者更善於處理具體職能問題，而不善於從事整體事務工作，不能培養制定長期目標及策略能力。層面越低的人越容易碰到這些問題。

阻力 2. 垂直性的工作變動

垂直型的工作變動不能培養出重要職位中的領導思維所需要的廣度。

在企業中，有些職位的提升往往是專業的或依程序上的，這樣會導致被提拔者即便到了很高的位置，也沒有經歷更多的跨專業跨領域的培養和歷練，於是，這對成為領導者是一種明顯的阻礙。例如企業中的財務部門。因為財會部門的人員提拔就是垂直性的，比如一個出納員剛進入財會部門，之後當會計、再當會計主管……直至財務總監，他每天接觸的都是同一個領域的工作，養成的是專業角度的視角。雖然財務對企業經營發展至關重要，但這樣的職業經歷無法成就領導者應有的視野和對企業全面營運的理解。所以，對於領導者來說，職業生涯早期經歷的部分越多越好，這樣才不至於框死自己的思維，並對組織整體營運有比較全面的了解。

阻力 3. 快速被提拔

許多管理者都希望能得到「火箭式」的提拔，他們等不急，希望自己能夠早早展示自己的才華，實施自己的綱領，開展自己的抱負。但領導力的培養卻宛如農民種地，必須經過春種夏長，才能換來秋收冬藏。要知道：磨練方出領導力。並且，領導地位往往形成於某個重大事件之後！領導力的提升和你培養運動或藝術技能一樣，沒有捷徑，也不可能一蹴而就。並且，快速被提拔的管理者，往往意味著他給自己埋藏下了四大問題：

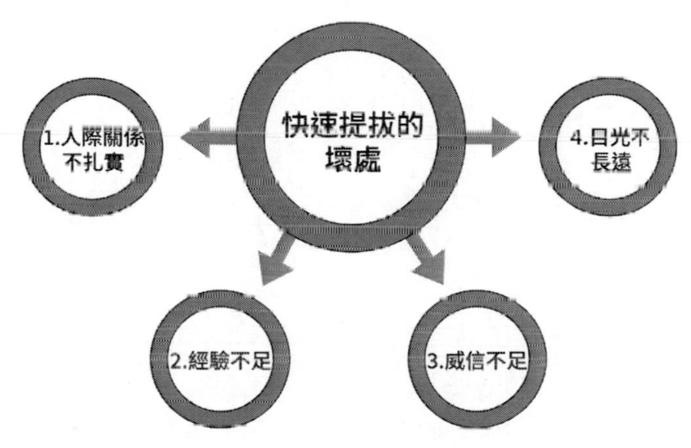

圖：快速被提拔的壞處

第一，人際基礎不扎實。因為人際關係要長期交往才能得到。受歡迎並不算具有領導才能，領導才能以領導者所完成的成果來判斷。

第二，經驗不足。經驗是需要用時間來錘鍊和培養的。

第三，威信不足。因為總是被提拔起來，你很難在某個領域內扎扎實實做出令人信服的業績或貢獻，而沒有這些做基礎，你的威望自然不足。

第四，目光不夠長遠。因為總是被快速被提拔，所以就想要在短時間內做出成績，這會培養你養成掌控的作風，並令視野狹窄，造成目光短視，不利於培養出領導者應具備的前瞻性和宏觀視野。

1.2
開創組織的未來與無限可能

你是「領頭羊」，還是「牧羊人」？

★ 領導者的水準決定了團隊的高度

一個團隊「頭兒」的水準有多高，就決定了他所帶領團隊的整體水準有多高。

領導力大師麥斯威爾在他的《從內做起：頂尖領導大師淬鍊 25 年的 10 堂課》（*Developing the Leader within You*）一書中描述了這樣一個有趣的案例：在一個銷售會議上，經理正在就業績下滑嚴厲斥責員工，「我已經受夠了這麼糟糕的銷售業績，聽夠了你們的藉口，」他說，「要是你們真的完不成任務，也許其他的銷售人員會抓住這個機會，賣出你們有幸承擔的這些產品。」接著，他轉向一個曾經踢過職業足球的新進員工，「要是一支球隊老是不贏球會怎麼樣？把球員換掉，對不對？」尷尬了幾秒鐘後，新員工回答道：「事實上，先生，如果整支球隊有問題的話，教練就該走人了。」

領導者就像是團隊裡的「教練」，而不是「管理員」。事實上，管理者是不可能把團隊帶到自己能力都無法企及的彼岸，但領導者可以！就像足球場上的「狂人」教練穆里尼奧（Jose Mourinho），自己當球員的時候碌碌無為，但確可以調教出天下無敵的「三冠王」球隊 —— 國際米蘭（Inter Milan）。

那麼，領導者為什麼可以把團隊帶到自己都無法企及的彼岸呢？因為領導者不是憑能力，而是憑能量。不是依靠個人發揮多大能力，而是為團隊為組織整合多少資源能量。領導者胸懷遠大、立意高遠，所以可以跳出團隊看團隊、跳出事業看事業、跳出經營看經營。也正如蘇軾的名句「不識廬山真面目，只緣身在此山中。」這就是只能目光向內的管理者所無法達到的境界。跳出本團隊的框框之後，領導者將不再是團隊的「領頭羊」，而變身成「牧羊人」；擺脫執迷獲得覺悟後的領導者，將不再成為組織裡的「專家」，而學習成為「整合大師」。是因為這樣的突破，結果讓領導者自身都難以置信：領導者把組織帶到了自己都無法企及的彼岸。

領導者在組織中是應該是身先士卒，還是以身作則呢？這是很多領導者搞不清楚的問題。我們首先來界定一下「身先士卒」和「以身作則」的區別。這兩者都是領導者做示範做榜樣的要素，但重要區別在於：身先士卒展現的是領導者的行為，以身作則展現的是領導者的理念。在具體實踐中如何合理的運用，這個需要看你的組織規模和工作性質。

首先看組織規模。例如在戰鬥中，帶隊衝鋒在前的基本是連排長這一級別的軍官，他們帶隊必須身先士卒。我們不需要一名團長、一名師長依然抱著機關槍衝在最前頭。並且，如果一名團以上幹部不是以身作則而是身先士卒的話，這支軍隊的戰鬥力也是要受到質疑的。所以，在規模不同的組織中，我們對領導者的領導力要求也並不相同。其次，看工作性質。有些產業的工作特性決定了你即使是總監、副總，甚至是總經理也得親自做業務。而在另外一些產業和企業裡，哪怕就是一個最基層的班組長，也可以完全離職，只負責具體管理工作。綜合來看，如果一名領導者在組織中既要帶隊還要做業務，那就應該身先士卒。像軍隊中的連排長也是這樣的性質，在戰鬥中必須親自帶隊上陣，所以就得用身先士卒為戰士樹立榜樣；而團以上幹部是不需要親自帶隊投入到戰鬥中去的，所以形成榜樣作用的展現更多的是以身作則。總之，必須親自做和自身需要為組織業績做出具體貢獻的領導者，其榜樣作用需要展現在「身先士卒」上；而領導者如果只需要帶隊不需要做業務，那他就應該展現出「以身作則」的一面，而不必是身先士卒。

還有，領導者在組織中應是「領頭羊」還是「牧羊人」呢？其實，這就是典型的「將才」和「帥才」的區別。組織中少不了將才的作用，衝鋒陷陣、攻城略地靠的就是將，將才為組織造成了「決勝千里」的作用；而帥才是運籌帷幄之中的那個人，「胸有大志、腹有良謀、有包藏宇宙之機、吞吐天地之氣」。一將難求，而真正的帥才更是可遇而不可求！從將才到帥才有一個嬗變的過程，在這個過程中，領導者不再是組織中的領頭羊，而應該向牧羊人的角色轉變。「領頭羊」說到底也還是羊，只不過是因為在團隊中更強壯，更富有經驗而已。但領導者更像是組織中的「牧羊人」。牧羊人不再是羊了，而成為了人。人有智慧，知道該怎樣才能找到更豐美的草原；人有遠見，知道如何讓羊群更好的發展壯大；人識天時，知道未來將會變成怎樣……從「羊」到「人」是一種脫胎換骨的轉變，但無論過程有多艱難，也應成為「羊」的終極目標。

要進行從「領頭羊」到「牧羊人」的嬗變，領導者該具備怎樣的觀念轉變？答案是：要學會正確的「比較」。透過正確地比較，領導者才會正確認知自己的差距，才會正確認知如何向牧羊人的轉變。

但可惜在現實中很多領導者搞不懂自己在組織中的角色和定位，於是，不知道自己應該怎樣與下屬進行正確而合理的比較。導致透過比較，不是發現了自身的問題缺點，反而洋洋自得、自以為是。那到底應該怎麼比？從以下 8 條可以延伸開來。

1. 少和下屬比能力，多和下屬比能量。

能力再強，也是個人的問題。一個籬笆三個樁，一個好漢三個幫。領導者要思考的是自身是否具備足夠的能量。能量指什麼？是指領導者的吸引力和凝聚力。你能把多少資源整合到自己的組織中？能把多少人才吸引到自己的身邊來？你有多大的能量，就能成就多大事業。只有能力也還是「領頭羊」的角色，有能量你才算「牧羊人」。領導者不是自己要去當孫悟空、諸葛亮，而是去做唐三藏、劉備，這些領導者不是我們眼中的「能人」，但的的確確是有能量的人。

2. 少和下屬比氣質，多和下屬比氣度。

在當今這樣時時靠「長相」處處拚「臉蛋」的風氣下，提醒人們更多注重內涵是極為正確的。不過，對於領導者而言，在組織中是否擁有出眾的氣質並不是成功的關鍵要素，我們看到很多卓越的領導者也並非氣質出眾之人，甚至有些領導者平凡到扔進人堆裡「泯然眾人矣」。優秀的領導者依靠的是氣度。什麼是氣度？氣度是指領導者的氣魄和胸襟，是領導者做大事成大事的基礎，是其區別於普通人的重要心理素養展現。唯有不斷提升意識，開闊胸懷，提高素養修養，才能不斷提高領導者的氣度。

3. 少和下屬比眼力，多和下屬比眼界。

眼力是一個人觀察力高低的展現，而眼界則是一個人格局和抱負的延伸。真正的領導者不是把眼光盯在具體的事情上來觀察考量，這是下屬的應盡的職責和本份，領導者的眼光應該超越組織邊界，把目光投向組織之外更廣闊的天地，投向未來的發展趨勢，眼界越寬廣的領導者其成就才可能越大。所以，晚清商人胡雪巖的名言：「做生意怎麼樣的精明，十三檔算盤，盤進盤出，絲毫不漏，這算不得什麼！最要緊的是眼光，生意做的越大，眼光越要放遠，做小生意的，比如說，今年天氣熱的早，看樣子這個夏天會很長，早早多買進些蒲扇擺在哪裡，這也是眼光。做大生意的眼光，一定要看大局，你的眼光看得到一處，就能做一處的生意；看得到天下，就能做天下的生意；看得到外國，就能做外國的生意。」所以，眼界的大小不是你能不能把眼睛睜大的問題，而是擺脫當下看未來，擺脫眼下看大局的問題。只有從空間上和時間上都把眼光放大放長遠，領導者的格局就出來了，眼界自然就有了。

4. 少和下屬比精明，多和下屬比開明。

開始創業的時候，人少不了要精明些。但如果要把組織做大，僅有精明就又不夠了。我們看，精明人的成就往往不會太大。誰最精明？讓我看，菜市場、路邊攤的小商小販各個都很精明，他們的每一筆買賣都是賺錢，但奇怪的是生意就是做不大。因為這些精明人過於算計了，反而不懂得眼前和未來的關係、不懂得區域性和整體的關係、不懂得捨和得的關係。生活中也是這樣，誰願意和一個處處精明的人交朋友做生意，我們生怕自己吃了虧，這樣的人讓我們時時提防處處小心，如何談得上交心合作。反倒是心胸開闊、勇於讓人、甘於吃虧的人，因為豁達通透，所以更容易成事。並且，領導者要成大業，在用人上就更需要放開手腳，開明一些。在這點上，諸葛亮和曹操形成了鮮明的對比。諸葛亮用人有著名的「七觀」之法，教人從七個方面來考察人，這樣選出來的人就不至於偏頗。從事理的角度來說基本可以算是當時很先進的測量工具了，但換個角度來看卻過於精明。能通的過「七觀」考察的人基本算是「聖人」了，試問天下能有幾人？正是抱著這樣的態度來選人用人，以至於蜀國後期在諸葛亮當政時期出現了「蜀中無大將，廖化作先鋒」的窘境。反觀曹操用人，一份昭告天下的〈求賢令〉就顯現出其開明的胸襟，其「若必廉士而後可用，則齊桓其何以霸世！今天下得無有被褐懷玉而釣於渭濱者乎？又得無有盜嫂受金而未遇無知者乎？二三子其佐我明揚仄陋，唯才是舉，吾得而用之。」的佳句，更是展現了領導者「不拘一格降人才」的開明大義。縱觀古今，唯有開明的領導者方能使群賢畢至，樂於侍從。

5. 少和下屬比學識，多和下屬比意識。

學識，乃學問知識之意，是做好工作的基礎，也是我們選人用人的必備條件。

但天下學識是學不完的，即便是組織內部的學問也難以學盡。所以，我們要專業化分工，要「把合適的人放在合適的位置上」。領導者的意識是說不清道不明的，是一種不自覺的行為趨向，但成功和失敗之間，甚至生死存亡間意識又確實發揮著重大的作用。所以，下屬學識強是對的，因為他要解決現實中的問題；領導者卻要不斷深度思考，優化自己的頭腦意識，形成敏銳的事業嗅覺，帶領組織不斷順應乃至引領時代發展的趨勢，為組織導航、帶團隊前進，這才是領導者存在的意義和價值。

6. 少和下屬比資歷，多和下屬比貢獻。

資歷只能代表你在組織中的時間長短，卻並不能代表你對組織的價值和貢獻。不可否認，領導者相對來說在組織中一般擁有一定的資歷，甚至有些組織的晉升相當程度上要取決於資歷，但成為領導者，人們更看重的是你具備什麼樣的能力，能替組織解決什麼樣的問題，把團隊帶到什麼樣的高度。當你能為組織不斷做出貢獻的時候，你不用去宣傳自然會有人追隨你；而當你貢獻甚少的時候，人們會對你失望，甚至會一個個離你而去。

7. 少和下屬比手段，多和下屬比境界。

手段是我們為達到某種目的而採取的方法和措施，也是工作中必須的技能。缺乏手段我們難以解決問題，但過於依賴手段，人的境界難免落入低層。眾所周知，所有的手段都是為目的所服務的，眼中總是手段的人，往往滿足於實現要得到的結果，而結果並不一定是目的。現實中，有些人為了結果而不擇手段，最後即便得到了結果，又有什麼意義？符合自己的初衷和目的嗎？領導者要知道「有所為有所不為」的道理，也要知道「為何為」的意義。沒有境界的領導者帶不了高素養的團隊，也不可能把事業做到巔峰。

8. 少和下屬比專業，多和下屬比格局。

隨著資訊時代的發展，任何一個領域裡的人都無法獨立掌握該領域的所有訊息，人類社會必然進入越來越細分的專業化局面。專業主義、專業致勝這樣的理念沒有錯，但問題是專業的就一定不是全域性的，而只能是整體中的一個部分。廣告語：心有多大，舞臺就有多大。領導者的格局有多大，視野才會有多大，事業才有可能做多大。現實中，很多中層管理者往往站在自身部門、團隊乃至自身專業的角度考慮問題，結果自然是本位主義、「見木不見林」。領導者必須立意高遠、胸懷全域性，這樣才能看的正確，這樣才能讓問題無處藏身。比如，二戰中日本偷襲珍珠港事件，到底算成功還是失敗？可從策略的角度還是戰術的角度來分析，從戰術上看，日本用微小代價換取了美國太平洋艦隊的重大損失當然是成功的，但從策略全域性來看，就此把一個西方巨人拖進戰爭，純屬加速自身的滅亡。

領導者不必是「專家」，而是「整合大師」。

今天，領導者經營企業所要掌握的知識、所要具備的能力實在是太多太多了。那麼，當一個領導者已經無法獨立掌握經營的所有要素的時候，我們就不應該再做加法，而是學會做減法了。一句話：讓專業的人去做專業的事。領導者不必在專業上下工夫，而騰出時間和精力在整合上下工夫，要學會把組織發展需要的資源整合起來，尤其要把人才整合到自己的身邊，為我所用。

2012 年，大導演史蒂芬史匹柏[007]拍攝的電影《戰馬》，獲得了奧斯卡 6 項提名和廣泛的好評。

《戰馬》講述的是一個男孩和一匹戰馬之間非比尋常的友誼。

故事的開始是小男孩艾伯特（Albert Narracott）擁有了一匹幼馬喬伊，一人一馬間建立了深厚的友誼。但是一次世界大戰期間，英國和德國在法國戰場交戰，英國成立了騎兵團，艾伯特的父親把喬伊用 30 畿尼的價格賣給了軍隊作為戰馬。

軍官得到了喬伊後，對艾伯特有個口頭承諾：如果戰爭結束後我還能活著回來的話，我會把喬伊還給你的。

但沒成想一語成讖，這名軍官在一次戰爭中陣亡了，於是，喬伊成了軍隊花名冊上沒有主人的戰馬。

而曾經的小男孩艾伯特現在也長到了 19 歲，夠格報名參軍的年齡。為了找到自己心愛的喬伊，艾伯特毅然決然報名參軍，並要求遠赴法國戰場，歷盡千辛萬苦，最終和喬伊重逢了。這時一戰也結束了。

按照英軍的規定，騎兵團要在法國就地解散，所有的軍官都可以把馬帶回英國。但是沒有主人的馬將會作為物資公開拍賣。因為喬伊在軍隊花名冊上的主人已經陣亡了，所以喬伊這匹馬被列為了拍賣的物資。

---

[007] 史蒂芬史匹柏（Steven Spielberg）於 1946 年 12 月 18 日生於美國俄亥俄州的辛辛那提市，猶太人血統，電影導演、編劇和電影製作人。

為了幫助艾伯特，當年買走喬伊的軍官的副官帶著艾伯特找到了騎兵團的團長少校先生，說明了當年軍官買馬的承諾並作為人證懇請少校能夠批准讓艾伯特帶領喬伊退伍回家。這時少校面臨了一個兩難選擇：如果他按照軍規把馬賣了，他的做法將不得人心；如果他讓艾伯特領回喬伊，又違反了軍規。

如果你是少校，知道這個事情之後，你會如何處理？

我在課堂上曾聽到過許許多多五花八門的觀點，比如有學員說既然軍規規定軍官可以把馬帶走，那就把艾伯特提拔為軍官（真不知道他提拔下屬的標準是什麼？）；有學員說弄頭驢來頂替拍賣，把喬伊偷梁換柱調換出來還給艾伯特（這傢伙腦瓜太靈活，我要是他的上司可真是要小心提防啊！）；有學員說半夜帶兩瓶好酒把馬廄裡的看馬人給灌醉了，第二天就說喬伊走失了（天哪，好奇思妙想啊，一定是個江湖派的管理者。）……面對這些「不太可靠」的答案，有時真的讓我瞠目結舌，難道我們日常的工作都是這樣的思路？！

還是讓我們一起來看看電影中少校是怎麼處理的吧：

首先，少校面對副官和艾伯特的請求並沒有猶豫，而是非常冷靜的表示：「這些軍規也不是我制定的，我只是命令的執行者，你不用跟我說了，你明天必須把牠帶去市場，就這樣。」少校的態度可謂溫和卻堅定，沒有商量的餘地，就是按命令執行，該拍賣就要拍賣。

第二天，當艾伯特無奈牽著喬伊走出馬廄，要拉去市場的時候，一推門，門外烏壓壓站滿了騎兵團的戰友。領頭的一名戰士走上前，遞給了艾伯特一沓鈔票，說是全團戰士都知道這件事了，大家一起湊了錢希望艾伯特能把喬伊買回來。原來，少校待艾伯特提出請求後，並沒有拒絕了事，而是把這件事在全團裡和戰士們說了，並發動大家一起為艾伯特獻愛心，全團一共捐助了 29 英磅，而少校一個人就捐助了 10 英鎊，占了全團總額的 1/3 還多。

就憑這一思路和舉措，我們就可以想像到艾伯特對少校會有怎樣的感激，而全團戰士對這個事件又會有怎樣的感動！上校的做法，就是管理和領導的結合。

這就叫做：管理無情，領導有愛。對於管理的問題，我們要該怎麼辦就怎麼辦。但是作為領導者，我們要關愛自己的下屬，幫助下屬解決他的問題。帶兵打仗有個說法叫「愛兵如子」。我們為什麼很難想到這樣的做法，這個就要好好問問自己：我們對下屬是不是有一顆關愛的真心？不說其他，影片中的少校是具備的。

出色的領導者會整合一切可以整合的能量

在少校幫助艾伯特的情節中，少校還有一點表現出了領導者應具備的思路：他不是自己掏了 10 英鎊就算了，而是發動全團戰士一起為艾伯特集資募捐。用我們今天的觀點來看，這就是「群眾集資」。畢竟你再是領導者，僅憑自己個人的力量也是有限的，領導者就是整合一切資源，獲得超越自己能力範圍之外的力量。

領導者不是看你自己能解決多少問題，而是整合資源來解決問題。

領導者不是憑能力解決問題，領導者憑能量解決問題。

楚漢相爭，最終不是天下英雄項羽贏了，而是一個長他 20 歲的「流氓」劉邦贏了。為什麼英雄敵不過流氓？蓋因英雄過於相信自己的能力了，而那個流氓卻是一個真正的「整合大師」。

《資治通鑑》漢紀三 漢高帝五年（己亥，西元前 202 年）

帝置酒洛陽南宮，上曰：「徹侯、諸將毋敢隱朕，皆言其情：吾所以有天下者何？項氏之所以失天下者何？」高起、王陵對曰：「陛下使人攻城略地，因以與之，與天下同其利；項羽不然，有功者害之，賢者疑之，此其所以失天下也。」」高祖曰：「公知其一，未知其二。夫運籌帷幄之中，決勝於千里之外，吾不如子房。填國家，撫百姓，給餉饋，不絕糧道，吾不如蕭何。連百萬之眾，戰必勝，攻必取，吾不如韓信。三者皆人傑，吾能用之，此吾所以取天下也。項羽有一范增而不能用，此其所以為我擒也。」群臣說服。

《資治通鑑》裡記載的是劉邦當皇帝後在都城洛陽南宮擺酒宴，招待文武百官。他問百官他與項羽的區別，百官紛紛誇讚他大仁大義。劉邦卻說你們只知其一不知其二，他一語道破的點明了自己和項羽本質的差別在於對人才的整合上。從劉邦的整個對話中，可以發現這個人具備「整合大師」的基本素養和理念，其因有二：首先，他非常清醒的保持著自知之明，並勇於承認自己的不足，明確提出了自己在智謀、治國及用兵上的差距；其次，他有識人用人之能，他知道誰在這方面是專家他應該聽誰的，並且他能夠給專家應有的位置和待遇；最後，也是他比項羽能做的最重要一點，他可以讓這些「人傑」始終團結在一起並凝聚在自己的身邊，這點非常的了不起。要知道「能人相輕」，「人傑」們湊在一起其實非常難駕馭和平衡，並且人家這麼有才華憑什麼要跟著你啊。沒有整合的能量，即便能識人用人但不能把人整合在一起依然不能成事。在這點上項羽完敗。我們仔細想想，項羽一直是單槍匹馬嗎？起兵之初並不是，開始的時候項羽也是手下人才濟濟。只可惜，霸王空有武力卻沒有凝聚力，還缺乏整合的藝術和謀略，根本就管不住英布，玩不轉彭越，留不下陳平，識不出韓信……導致這些「人傑」紛紛棄他而去，投奔到了「整合大師」劉邦的帳下。可以說，劉邦其實就是用項羽自己的團隊把項羽打敗。

楚漢相爭結束後，民間慢慢誕生了一項娛樂活動，就是「象棋」。你知道象棋中的黑棋和紅棋分別代表誰嗎？答案是：黑棋是楚，紅棋是漢。為什麼？因為當年項羽打仗是黑盔黑甲胯下烏騅馬，一身黑；而劉邦是斬白蛇起義，自稱是「赤帝之子」，所以著紅衫。我們再想想，黑棋裡的「老大」叫什麼？將。紅棋的「老大」是什麼？帥。也就是說，其實老百姓的心目中也都認為：項羽是個「將才」，而劉邦才算是「帥才」。那將和帥有什麼區別？所謂將才，是指能夠帶隊拿業績的人；而所謂帥才，是指能識別使用凝聚團隊中拿業績的人。

每個人都要是關鍵人

不知道大家有沒有坐過橡皮艇進行過所謂的「勇士漂」的漂流？這是漂流愛好者享受刺激的「大愛」！不是那種用竹筏就可以在平靜的溪流中的「休閒漂」，而是在激流中冒著隨時翻船的可能，全船人必須同舟共濟才能到達彼岸的運動。我曾經在上課時，問過學員們一個問題：在「勇士漂」中，橡皮艇上的哪個人會是關鍵人？

學員們的回答往往五花八門。

有人回答坐在最前面的人最重要，因為他所在的位置最靠前，是導航員看方向的。有人回答坐在最後面的人最重要，因為坐在最後位置上的人是掌舵控制方向的……

到底誰是關鍵人，還是讓我們一起來思考一下這個運動的情境吧。「勇士漂」最刺激的地方是在航道的轉折處，並且折的角度越大、水流越湍急，漂流的人才會覺得越刺激。當橡皮艇在漂到折線的轉彎處時，很可能在轉彎前還坐在最前面的人，在轉彎之後就成為坐在最後面的人，因為橡皮艇是不分方向不分前後的，沒有誰坐在前方誰坐在後方。

所以上面的這兩種回答都是錯誤的。正確的答案是：橡皮艇上的每一個人都是關鍵人。

因為在「勇士漂」的整個過程中，艇上的每一個人都需要對他面臨的環境及時做出調整和反應，如果有人反應慢了，或者是動作錯了，橡皮艇都有可能傾覆。因此，橡皮艇上人人都是關鍵人。

引申到領導團隊，領導者需要明白，在你的團隊當中，人人都是關鍵人，每個人都要對自己所在的團隊做出貢獻。並且，如果團隊中有一個人出了問題，整個團隊也會因此遭殃。因此，領導者必須挖掘並依靠團隊中每一個人的力量，這樣才是人盡其用。

古代有一種傳統水上運動，就是賽龍舟。在龍舟上，關鍵人就是鼓手，因為鼓手第一點能夠統一節奏，第二點能夠鼓舞士氣。

也許有人認為龍舟上舵手才是關鍵人，其實不是。舵手是正確的做事，而鼓手則是做正確的事。而作為領導者，首先要做正確的事情，然後再是正確地做事。

我們可以將龍舟和橡皮艇看作是企業，水流就是企業面對的外部環境和發展形勢。

龍舟只能在平靜的水面行駛，無法在激流中前進。

過去，亞洲經濟一直保持高速發展，在這種環境中，團隊需要的領導者作用就是吹鼓手。透過吹鼓手去統一團隊的思想方向，鼓舞團隊的士氣。方向對了方法對了，領導者很容易就可以帶領團隊前進。所以相對而言，過去做領導者更需要的是順勢而為。而如今，亞洲經濟的前進軌跡已經進入了「L」型，並且會長期處於「L」型的底部，同時，今天我們所面臨的文化、社會環境、科技、政治等外部因素動盪難測。管理大師吉姆柯林斯（Jim Collins）宣稱，企業現在已經由過去的確定性時代進入了當今的不確定時代。今天的企業就像是進入了時代的激流中，不再是之前的一馬平川，而是一波三折。

這時我們就要果斷放棄龍舟，換上橡皮艇。我們要明白，今天讓團隊保持前進，領導者需要發揮橡皮艇上每一個人的作用，橡皮艇上的每一個人都應該是關鍵人，領導者只有將團隊每一個人的潛力挖掘出來，才能夠帶領團隊持續前進。這個時候就不僅僅是需要管理，而是需要領導。過去，老話說：火車跑的快，全靠車頭帶。但今天的造車理念告訴我們，高速列車之所以出現了速度的提升，是因為每節車廂都要提供動力輸出。因此，實踐已經有力地證明：全靠車頭帶，火車跑不快！

所以，領導者要想成就卓越，只有某個特長或專業就不夠用了，需要複合型專業累積。要做全國的業務，只聘用公司總部所在地的員工就不夠用了，員工需要五湖四海。企業要成為產業的領跑者，只靠自有資金支撐就不夠了，需要多管道融資。墨子說：「故江河之水，非一源之水也。」大江大河的氣勢，需要彙集多個源頭的活水。因此，領導者請放下「專家」自居，投身於整合之中方成大業。要學會：

讓具備「網際網路」思維的人幫你做模式；

讓具備「藍海意識」的人幫你做策略；

讓具備「創新頭腦」的人幫你做研發；

讓具備「工匠精神」的人幫你做產品；

……

總之，卓越的領導者就是凝聚人才，整合資源，為我所用。如果說卓越的領導者也可以是專家的話，那也只需要成為一種專家：會用專家的專家。

人們心目中理想領導者具有的品質

思考這樣一個問題：如果你是一個下屬，你希望自己的上司擁有什麼樣的特質呢？一個領導者擁有什麼樣的素養，你會更信任他，更願意追隨他？

我每次在課堂上提出這個問題，都會得到一些相似的答案：

希望自己的上司寬容，能夠贊同自己做正確的事，也能包容自己偶爾犯的錯誤……

希望自己的上司目光長遠，這樣才能帶領自己去往正確的方向……

希望上司博學，這樣自己解決不了的問題，可以依靠上司解決……

其實，我並不是在讓學員思考自己的上司，而是讓他們能夠思考自己。

要知道，我們渴望自己上司做到的，也恰恰是我們的下屬期望我們能夠做到的。我們渴望自己的上司有什麼的素養，就應該讓自己擁有這樣素養。人性是相通的，如果我們不懂得這個道理，就不可能成為真正的領導者。

30 多年來，世界著名領導力大師詹姆士 · 庫塞基 [008] 和貝瑞 · 波斯納 [009]，在全世界發放「受人尊敬的領導者的品質」調查問卷，對世界四大洲的企業和政府管理者，合計 10 多人廣泛調查，並不斷更新數據。最終得出了結論：調查結果保持著一定的規律性。其中最具震撼力、最有說服力的是，有 4 種特質被超過 60% 的人選中。分別是：真誠、前瞻性、熱情、能力。

[008] 詹姆士 · 庫塞基 (James Kouzes) 是湯姆彼得斯公司 (Tom Peters Company) 的榮譽退休主席，該公司是幫助組織使用領導力培訓和解決方案來創造一個新工作環境的專業服務公司。

[009] 貝瑞 · 波斯納 (Barry Posner)：世界知名的學者和教育家，聖克拉拉大學李維商學院的院長和領導力教授。他在那裡獲得了許多教學和創新獎，包括他的學院和大學的最高教職員工獎項。

★真誠

無論是交朋友或是做生意，還是成為一名下屬，我們希望面對的是個真誠的人。那怎樣才算真誠？我認為，在領導力領域裡的真誠有四個重要指標：內心正直、對外誠信、言行一致、表裡如一。

真誠的第 1 個標準：內心正直

領導者自身信奉的基本哲學對其成就的影響遠遠超過其他任何因素，一個不能把「正直」根植於內心的領導者，對自身對組織對事業的傷害無疑是巨大的。在這點上，日本經營之聖稻盛和夫給領導者做出了巨大的表率。無論是在經營企業過程中，還是對自己的要求，他都把「作為人，何為正確」作為判斷和行動的基準，把作為人應該做的正確的事情用正確的方法貫徹到底。沒有內心正直為根基，稻盛和大是無法確立這樣的「經營哲學」的。同時，對於一個領導者而言，你的一言一行、決策決議都必須堅持原則。而能否經受得住外界的誘惑和侵擾，內心正直依然是最重要的「壓艙石」。記住——沒有原則的上司，是沒有權威的。

真誠的第 2 個標準：對外誠信

領導者真誠的外在具化就是誠信！簡單說，就是要「說到做到」。這裡，我們可以分解為兩個行為：「說」和「做」。領導者首先要「說到」，大聲說出你的願景、夢想和信仰，讓組織裡所有的人感受到你的信念和力量，這些是組織的動力和希望。領導者只有說出來，才能讓追隨者明瞭你的心聲，受到你的感召，並和你一起放眼未來，感受希望。如果一個領導者不能讓追隨者和自己一起放眼未來，他們就一定會和你計較現在。而「說到」的核心就是「做到」，兌現你的承諾。能「做到」可以證明領導者有兩個重要特徵：一個是人品，一個是能力。

真誠的第 3 個標準：言行一致

身為領導者應該是「說我所做，做我所說」。最樸素的道理：我們希望下屬怎樣做，領導者首先就要帶頭做到。言傳不如身教，身教勝過言傳。同時，一件事如果說重要，你說是沒有用的，你親自去做、參與其中，下屬自然就知道這個事情重要。把你每天的日程表好好看看，這裡最能夠清晰地展現出你的原則和價值觀。你不用多說，你把時間花在哪裡，員工自然就知道什麼重要，什麼不重要了。

如果你說企業安全是非常重要的，那麼請問你每天花多少時間在企業安全生產上？如果你說技術很重要，請問你每天花多長時間關心技術管理？如果你說經營、成本、服務很重要，你就把你的時間和精力投入其中，員工在這些事件中看到你的身影，他就自然知道這是領導者重視的，是他真正值得注意的地方。

真誠的第 4 個標準：表裡如一

我們都不喜歡表裡不一的人，但我們是否也會有這樣的時候呢？抑或，我們有這樣的時候自己還不知道。如何算「表裡如一」？簡單說，就是領導者不虛假、不做作，身心和諧、內外通透。我們對外呈現的就是我們真實的自己。

領導力是從追隨信任開始的

案例：

一位集團的總經理，因為在某個專案上資金鏈斷裂，企業因此倒閉，個人負債 10 億，這讓該名總經理一舉成為當時業界最大的一個「負翁」。然而就是在這種情況下，依然還有一百多個員工願意跟著該名總經理，這就叫領導者，他憑的是什麼？

該名總經理曾經這麼說：「別人經常問我，在集團危機爆發了之後，薪資都發不出來了，為什麼你下面還有一百多名員工願意跟著你？我自己分析過，讓一個團隊始終一條心，不管是高峰還是谷底，一直都能跟下去，訣竅就是內心要真誠。哪怕你表面上對他們非常客氣，經常請他們吃飯，經常請他們喝酒，這些都是沒有用的。只有內心真誠之後，你才能獲得他們的信任。」

其中，該名總經理專門強調了，哪怕你表面上對他們非常客氣，經常請他們請吃飯喝酒，這些都沒有用。所以說，領導力是從追隨者信任開始的，如果追隨者不信任領導者，那就沒有領導力而言。

★ 前瞻性

前瞻性是區分你是優秀領導者還是一般領導者的「分水嶺」。如果你僅僅具備真誠，確實人們可以信賴你、追隨你，讓你成為領導者。但如果你不具備前瞻性的話，就不能算優秀的領導者。

大海航行最重要的是「舵手」嗎？應該不是。「舵手」的職責是「掌舵」，其背後的內涵是「正確地做事」。那誰是「做正確的事」的人呢？答案是「領航員」。沒有領航員的指引，舵手何來方向？毫無疑問，做正確的事，比正確地做事重要的多。人人都可以當舵手，而只有領導者才能做領航員，因為其必須要具備前瞻性，確定航行的目的和方向。

領導：引領和導向。如果我們連方向都不明白何來領導？今天，很多企業和組織的衰敗，不是因為管理出了問題，而是領導者缺乏前瞻性，不能正確地洞察時代，不能與時俱進地引領組織應對變化。無論是Nokia 還是柯達，這些百年企業的倒塌讓我們必須驚醒，警鐘長鳴。

孟子 [010] 曰：人無遠慮，必有近憂。何以「遠慮」，前瞻性是根本。

★ 熱情

我們在組織中，有一位有熱情的上司和一位消沉的上司，你覺得你的表現會依然穩定、不受影響嗎？這顯然是不可能的。一位精力充沛、活力四射的上司顯然是組織中的「鯰魚」，可以讓他周圍的人都動起來。

那是不是熱情、有感染力的人就是有熱情的領導者呢？或者說，如果缺乏這些表現，我們是否可以認為就是缺乏熱情呢？這裡我們思考一個有趣的案例：唐僧。請問：你認為唐僧有沒有熱情？我在課堂上問學員這個問題的時候，80% 的答案是他缺乏熱情，因為他和溫水一樣，看起來沒有熱情和活力，但是唐僧真的沒有熱情嗎？這要看我們對「熱情」的定義，我們對熱情的定義，決定了我們的觀念和結論。我認為，對一個領導者而言熱情的定義是：對工作的熱愛和事業的執著。在工作中表現得有活力、有熱情，或者說領導者有感染力是不是熱情？當然是。但這些過於表面化了，我們要思考的是這些表現背後的支撐是什麼？其實，就是「對工作的熱愛和對事業的執著」。從這個立場來看，唐僧顯然是有熱情的，並且是一種更有深度的熱情。他對自己的工作無比熱愛，對自己的取經大業無比執著！不管面對何等的誘惑和困難，只要一息尚存，心中只有兩個字：取經！他把自己的全部身心都投入到了取經事業之中，歷盡艱辛卻毫不動搖，這就是真正的大熱情。由此，我們也可以認知到，為什麼這樣一個手無縛雞之力的凡人卻可以成為團隊的領導者，成就這麼偉大的事業。

所有的困難都需要熱情來戰勝，人們需要用熱情來擁抱工作。事業和整個人生的修練都像登山一樣，登山途中有困難也有挫折，但是你心

[010] 孟子（約西元前 372 年至約西元前 289 年），名軻，或字子輿，華夏族（漢族），鄒（今中國山東鄒城市）人。他是孔子之孫孔伋的再傳弟子。

中必須有熱情的火焰不滅。

所有的偉大的事業都是基於八個字：沒有熱情，事業不成！

★有能力

思考一個問題：你目前的工作方式、領導手法是怎麼來的？

我相信，每個人都有自己獨到的答案。管理專家霍根曾做過調查：一般人 70% 的能力來自於他的直屬上司。也就是說，我們今天的許多工作方式其實都是在受我們的上司的影響，我們要麼就是在模仿他，要麼就是以他的不當方式為鑑來反思我們的正確行為。尤其是當你剛剛走上管理職位的時候，你對管理工作懵懵懂懂，你都在暗地觀察、用心揣摩上司的一言一行。這樣說來，如果我們上司的能力越強，值得我們學習和效仿的就會越多，我們就越能得到更多的借鑑和成長。所以，下屬都是希望跟著有能力的上司工作。

同時，下屬不僅關注上司的職位和頭銜，更關注上司能不能帶我們「贏」。

上司如果不能帶著我們去贏得團隊的勝利、贏得我們渴望的結果，我們就會沮喪失落。那麼，無論其位置有多高、頭銜有多大，下屬都不願意追隨。因為願意追隨的一定是「強者」，強者讓團隊中的下屬感到自豪，別的下屬也會羨慕我們在這樣「強者」的手下工作，我們知道跟著這樣的上司是無往而不勝的，我們的內心深處充滿著安全感。

最後，庫塞基和波斯納告訴我們：在過去 30 多年裡，無論社會、政治、經濟環境如何變化，真誠、有前瞻性、熱情和有能力依然是領導者最重要的四項特質。雖然，每種特質的相對重要性會有所變化，但是，人們對於領導者的重要特質的看法在本質上沒有發生改變，他們想從領導者身上看到的東西是不變的。

領導者的學習途徑

請問今天的管理者，你的管理方法、你的管理藝術從何而來？

前面提到，管理者的管理能力的 70%，都來自自己當年的直屬上司。

當你有幸進入管理層之後，其實你是在照著自己的上司去學、去做。你要麼在學習模仿自己的上司，要麼就是以上司的問題為鑑來修正自己的行為。

直屬上司的能力越強，他供下屬學習的方面就越多。

最好的上司學習對象是什麼樣的？我認為是：有明顯缺點的好上司。他的好，可以供我們學習；而明顯的缺點，可以供我們借鑑和警示。

無論是好和壞，只要是他的領導風格夠突出、帶給你的印象夠深刻，都會給你帶來明顯的突破和撼動。

我剛剛進入職場的時候，有幸遇到了一個有明顯缺點的好上司：首先，他胸懷很大很寬廣，他是真的希望每個下屬能夠超過自己，他很願意舉薦下屬，他給下屬責任和壓力，促使下屬快速成長。

同時，只要你做出成績，他就不遺餘力向他的上司舉薦你。做他的下屬，總是快速地成長和被提拔。

而他手下提拔的人越多，他的影響力越強。

但是這個人又有一個明顯的缺點：他好罵人，而且他教育程度不高，罵人也罵的很狠。所以他罵完人，你都恨不得想自殺，你覺得自己一無是處，體無完膚。你甚至覺得自己不是人，浪費資源，白活了……

我就深深地被他打擊了，每次挨完罵，我都恨不得把桌子一推，想說：我不幹了！

但是每次他罵完人，他又會給你新的機會。所以，做他的下屬，你就感覺自己在兩個極端搖擺不斷。

當我有幸成為了領導者，我學會了：給人分責，給人機會。舉薦他人。

同時我也學會了：當人犯錯的時候，要有一顆包容之心，如果你罵他，斥責他，他就會信心受挫，搖擺不定。

尤其是年輕員工，你罵他他可能就不幹了。我只會安撫他：你只要願意做，就能成功。

錯誤是最好的學習榜樣。我們能夠從中學習和成長。

而我的這位上司，讓我從正和反兩個方面都學到了領導者的素養。

德才兼備，以德為先

美國著名心理學家麥克利蘭（David McClelland）於 1973 年提出了一個著名的冰山模型。

所謂「冰山模型」，就是將人的表現劃分為表面的「冰山以上部分」和深藏的「冰山以下部分」。其中，「冰山以上部分」包括基本知識、基本技能，是外在表現，是容易了解與測量的部分。而「冰山以下部分」包括社會角色、自我形象、特質和動機，是人內在的、難以測量的部分。

透過這個模型，我們其實也可以把領導者的表現劃分為心和術兩個部分。術就是表面的「冰山以上部分」，包括領導者的所言所行。心就是深藏的「冰山以下部分」，包括領導者的信念、價值觀等。而心術結合起來，就是追隨者所信賴領導者的，叫做「品質」。而品質應該怎麼解讀？我們再拆分來看，品為品格，簡稱一個字，叫做「德」，質為能力，簡稱一個字，叫做「才」。由此，我們更清晰的認知到，下屬渴望追隨的領導者一定是「德才兼備」之人。

★以德為先

在實際工作中，德和才哪個更重要呢？其實，我們不應該看孰輕孰重，因為這兩個因素各有各的意義和作用，這個要具體問題具體分析。比如我們可以這樣認為：大用看德，小用看才；長用看德，短用看才；組織規章系統不健全更看德，組織規章系統很完善更看才。而下屬對領導者的德才之分，也需要根據階段來區分，簡單來說就是：生人看才，熟人看德。也就是說，當下屬對領導者不熟悉的時候，比如領導者剛進入一個新組織或剛建立了一個團隊，又或者下屬剛加入的時候，這個時候下屬更看重的是上司的才能。等到下屬對上司熟悉了解之後，或者團隊已經磨合過了，這時候下屬就更加關注上司的德行如何了。

也就是說，德和才之間根本沒有輕重之別。但是，德和才對領導者而言卻有先後之分。

領導者必須以德為本。

道理非常簡單，人們總是先信任你這個人之後，才能接受你的領導和管理。而如果你的人品不過關，無論你有多麼好的領導力和管理技巧，下屬都不會願意跟著你。因為對於下屬來說，跟隨一個才華很高但是品德很差的領導者前行是十分危險的。

德和才的關係對領導者而言，就是「皮之不存，毛將焉附」的道理。沒有德做基礎，領導者的才華是無根之木、水源之水。所以，《周易·繫辭下》中有云：德不配位，必有災殃。但是，只有德行而沒有才華，領導者是不可能把工作做得出色的。總之，許多人認為自己只要掌握了卓越的管理技巧就能夠成為領導者，還有一部分人認為只要他們擁有良好的品德就能夠成為領導者，但實際上這兩種想法都是不恰當的。一個真正的領導者品德和技巧缺一不可，要想成為真正的領導者，就必須先具備相應的品德，再逐步培養領導的能力。

偉大的領導者：沙克爾頓（Ernest Shackleton）的故事

這個一個關於堅毅信念和誠信的故事。1914 年，探險家沙克爾頓帶領 27 名船員去南極探險，在這條探險道路上，沙克爾頓和 27 名船員經歷九死一生，留下了世所罕見的傳奇。

而沙克爾頓帶領 27 人的故事，也是最經典的領導力案例。

案例介紹的是真實事件，整個事件歷時兩年〇一個月，而且是在南極圈內發生的。在生存希望幾乎為零的情況下，沙克爾頓領導的團隊全員都活了下來，依靠的是沙克爾頓的非凡領導力。

我們這裡要注意一點，故事裡的主角不是國家領袖，不是萬眾矚目的英雄，不是邱吉爾，他只是一個普通人，一個普通的探險家。但是他做到的事情不是普通人能做出來的事情，如果要是換其他人，可能早就死在了南極大陸。與此形成鮮明對比的是，1913 年 8 月 3 日，一支由加拿大探險家維爾賈穆爾．史蒂芬森（Vilhjalmur Stefansson）率領的探險隊起航，向北極地帶出發。兩艘探險船，北極的「卡勒克號」和南極的「堅韌號」都被困於堅固的浮冰中，兩支探險隊也都為了生存進行了不懈的努力，但兩支探險隊的結局和兩位探險領導者面對困境的方式卻大相逕庭。在北極，探險開始後短短數月，「卡勒克號」的探險隊員就變成了一群自私、散漫的烏合之眾，撒謊、偷竊和欺騙成了家常便飯。探險隊伍的四分五裂使探險行動以悲劇收場：11 名探險隊員殞命於荒蕪的北極地帶。而沙克爾頓帶領團隊歷時兩年〇一個月全部活下來，在其中，沙克爾頓的 3 個關鍵時刻的關鍵行為，決定了他能夠成為偉大的領導者，使團隊全員都活下來。

沙克爾頓在領導方面的智慧從探險的最初階段就顯示了出來。在他釋出招募探險隊隊員的資訊後，一共有 5,000 多人報名參加了面試。面對這麼多的面試者，沙克爾頓利用了一些非常規的問題來判斷他們對極地環境的適應能力。比如沙克爾頓經常會在面試時問對方會不會唱歌，在他看來，唱歌是判斷一個人是否擁有團隊合作態度的最快捷的方法。

因為根據沙克爾頓之前的極地探險經驗，他深信良好的團隊氛圍是取得團隊成功的重要因素，他相信的一個人的人品要比他的專業技能更加重要，並且他盡自己最大努力確保自己所選擇的每一名隊員都適合探險。就像他所說的：「選中的每一名隊員都必須適合這項工作，他們需要擁有極地環境所要求的特殊素養，能夠在和外界隔絕的條件下和他人和睦相處。必須牢記一點，擁有去人跡罕至的極地探險這種願望的人通常都有著非常明顯的個人主義色彩。所以對我來說，挑選探險隊員並不是一件簡單的事情。」

事實也正如沙克爾頓所說的那樣，極地探險是否能夠取得成功在相當程度上都要依賴於探險隊隊員是否有團隊合作精神，團隊合作精神保證了探險隊員能夠在探險的過程中保持和睦友善，而這種和睦友善的團隊氣氛對於長時間並且危險重重的極地探險有非常重要的作用。

最終沙克爾頓最終確定了 27 名船員，開始了他的的極地探險之旅。不過很不幸的是大自然並沒有給予沙克爾頓的探險隊太多照顧。在進入極地一個多月之後，他們乘坐的探險船「堅韌號」就被凍在一塊浮冰上，而浮冰帶著探險船讓他們距離目標地越來越遠。不過好在沙克爾頓事先儲存了大量的物資，所以探險隊員並沒有因為意外情況的發生而絕望。

其實大多數人在議論沙克爾頓的故事時都忽略了一點：與其說沙克爾頓的這次探險是一次危險重重的長距離遠洋航行，還不如說這是一次長期和單調寂寞作鬥爭，從和睦友善的相處中得到樂趣的經歷。

沙克爾頓從一開始就意識到探險隊員長期在與世隔絕的環境下很容易產生負面情緒，為了防止這一情況的發生，他首先幫團隊中的每一位成員都分配了適合的工作，並且建設性的發揮隊員們的特長，其次他還定期舉辦一些娛樂和消遣的活動進行調劑，最後他為探險隊隊員精心計劃生日派對，熱情對待每一次節日聚餐。透過這些方式，沙克爾頓不斷強化隊員們的團結意識。

實際上在探險一開始沙克爾頓就非常重視團隊的團結氣氛。通常在這種極地探險隊會有軍官、水手、科學家等不同職業的人組成，而這些人會根據自己的職業組成各自的小圈子，沙克爾頓為了避免這種影響團結的小圈子出現，他讓科學家必需承擔船上水手需要承擔的雜活，讓船員們幫忙進行樣品採集和科學測量，掌舵和夜間執勤也是所有人輪換進行。同時沙克爾頓還想要和每一位隊員建立良好的個人關係，即使團隊中那些不怎麼招人喜歡的傢伙也能夠得到他的關注。也正是這種對每個人都如同親人一樣的關注讓之後探險隊員們在最危險的時期始終對沙克爾頓保持尊敬和忠心。

不過沙克爾頓懂得領導者在必要的時候應該展現出自己的威嚴，所以在面對一些他無法容忍的行為時，沙克爾頓就會顯得非常嚴厲。「堅韌號」上的一位大副曾經這樣評價沙克爾頓：「有時他只需要一個眼神就能夠讓你膽顫心驚，只要沙克爾頓願意，他說的話可以變得非常尖銳，但更多時候他只需要使用眼神就可以了。」

原本沙克爾頓的探險隊以為被浮冰帶領著遠離目的地就已經是非常糟糕的事情了，但是他們沒有想到更糟糕的事情還在後面。1915 年 10 月 27 日，「堅韌號」因為受損嚴重而沉沒，探險隊此時的處境開始變得危險起來，探險隊被迫離開了探險船，在浮冰上用帳篷搭建了新的營地。此時沙克爾頓並沒有驚慌，而是在思考之後制定出了一個詳細可行的計畫，然後召集全體人員開會將計畫說出。一位探險隊員回憶當時的經歷說：「當時所有人都感到了害怕，不知道該怎麼辦。誰能帶領我們走出困境，誰就是真正的領導者。沙克爾頓的行動讓我們明白了這個道理。」

在接下來最為艱難時間裡，沙克爾頓用自己的行為來證明了自己對隊員們的關心。當時整個探險隊只有 8 個睡袋是馴鹿皮的，其他的睡袋則是羊毛的，保暖性要低於馴鹿皮，於是沙克爾頓安排所有人進行抽籤來分配睡袋。看上去這個方法非常公平，但是其實沙克爾頓在其中做了手腳，他讓所有的軍官都抽到了羊毛睡袋，8 個馴鹿皮睡袋全給了普通隊員。

並且即使在這種情況下沙克爾頓也絲毫沒有任何驚慌的情緒，他每天依然會分配任務給隊員們，舉行各種娛樂消遣活動，同時親自對物資進行定額分配，確保所有人都能夠擁有足夠的物資。甚至他還召集大家進行了緊急情況演習，確保遇到危險的時候所有人都可以快速撤離。

沙克爾頓堅信樂觀才是真正的勇氣，他也用自己的行動證明了這一點。在浮冰上住帳篷的幾個月時間裡，隊員們都從沙克爾頓的樂觀中獲得了力量和勇氣。

不過隨著時間一天天的過去，探險隊在浮冰上的情況越來越不容樂觀，溫度升高讓浮冰不再堅固，周圍可以找到的企鵝和海豹的數量也在不斷的減少。此時沙克爾頓毅然決定乘坐三艘小艇離開浮冰，尋找周圍的海島。

在做出這個決定之後的 7 天時間裡沙克爾頓幾乎沒有闔眼，每天都站在小艇上指引大家前進的方向，在克服了種種艱難之後最後他們終於找到了一個荒涼的島嶼 —— 象島。在到達象島之後沙克爾頓很快就意識到探險隊現在依然危險，因為這是一個什麼都沒有的荒島，而想要返回文明世界他們就必須要穿越南大西洋。而此時多數隊員已經非常虛弱，無法再經歷任何冒險，所以沙克爾頓帶領了 4 名隊員先行為大家探路，其他的隊員在象島上等待救援。

17 天之後，沙克爾頓稱作的小艇終於找到了陸地，此時和他一起出來的 4 名隊員中有 2 名已經無法行動，沙克爾頓只好帶領可以行動的 2 名隊員前去尋找救援。最終沙克爾頓找到了救援，在幾個月之後成功救出了所有的隊員，完成了人類歷史上一次最不可思議的絕地歷險。

其實歷史上絕境生還的故事有許多，但是沙克爾頓南極探險的故事是獨一無二的，因為他能夠帶領自己的團隊的全部成功獲救，這絕不是運氣使然，這是因為沙克爾頓是一個出色的領導者。而從他帶領隊員絕境生還的故事中我們可以找到出色領導者需要牢記十個領導力法則：

1. 最終目標要時刻牢記，集中所有精力去完成短期目標。
2. 讓自己成為團隊中的榜樣。
3. 向團隊成員傳遞樂觀、自信的情緒，同時也需要做到面對現實。
4. 在關心照顧他人的同時保重自己，不要自責。
5. 時刻不忘向團隊成員強調團隊觀念。
6. 真誠對待每一個人，不受等級制度影響的去尊重他們。
7. 更包容他人，學會化解自己的憤怒。
8. 無論在什麼樣的環境之下都要學會為團隊帶來歡樂和有趣。
9. 不畏懼任何困難，勇於冒險。
10. 永遠不會放棄。

第二章

明察秋毫 —— 領導者掌握人心的方法

2.1 領導者的必備技能：洞察與委任

你會正確地「識人」嗎？

甄別領導者是否稱職的試金石，就是其「知人善任」的能力。

這個能力其實是由兩個部分組成的：知人，善任。並且，這兩個部分是有前後邏輯關係的。領導者首先要能夠「識人」，才能夠接下來做到「善任」。一個無法準確「識人」的領導者，是不可能做到合理「善任」的。識人不準，用人不當毫無疑問就是領導者的失職。自古以來，很多用人失察的結果令人扼腕嘆息。

遙想當年「春秋五霸」之首的齊桓公，一代梟雄，晚節之時卻因為察人不當，被豎刁、易牙、開方三個小人矇蔽，落得死無人管。

「智者化身」諸葛亮，一生用兵多謹慎，卻因用人不當，導致「失街亭」，回頭問斬馬謖。但細細想來，這個過錯的源頭其實不是馬謖，而是諸葛亮自身。

今天，商場如戰場，商家們在人才的爭奪戰上更是已進入「白熱化」的狀態。但看看身邊人才進進出出，又有幾個能夠恰到好處匹配企業需要，符合預期的目標呢？

如此令人頭大的問題，蓋因沒有一套科學合理的識別方法。

領導者要明白一件事，識人不是憑感覺的，沒有任何一位領導者可以憑著感覺來確保結果，而且，也沒有任何一位領導者可以憑著主觀感受每次都能做出正確的選擇。那麼，領導者如何客觀的並且是不帶有任何個人喜好和情緒地對下屬進行正確的識別和判斷呢，現在我們就來好好推敲其中的原理。

領導者拿什麼去判斷和鑑定員工的工作呢？領導者判斷和鑑定的依據是什麼，這些依據是否科學和符合標準。

不僅要「成功」，更要「有效的成功」

領導者在對下屬和團隊進行領導的時候，會透過領導作用得到不同的結果。所有的結果我們都大致可以分為兩類：要麼結果是成功的，要麼結果是不成功的。我們都希望獲得成功，但成功還不能算完全符合我們的目的。因為我們不僅要成功，更要有效的成功。那麼，還有無效的成功嗎？是的。

管理情景 1：

上司急需要一份報告，第二天要使用。於是將工作交給下屬，對下屬說，無論你今天晚上是加班還是熬夜，這份報告明天上午九點前必須做好交給我。結果第二天早上一上班，下屬就將報告交給了上司。這時下屬的工作完成了，他的工作就應該算是成功的。

但是上司在看到報告之後發現，這份報告做的非常糟糕。這時，下屬雖然按照上司的要求，按時將報告交給了上司，但是卻沒有任何價值和意義。因此，這樣的成功就是無效的成功。

管理情景 2：

我們培訓員工時，要求幾點到幾點間，什麼級別的學員要悉數到場，不得缺勤、不得遲到早退、培訓期間不得隨意走動和接聽電話。的確，培訓現場學員準時到齊，並且沒有人遲到也沒有人早退，底下沒有人走動也沒有人接打電話。我們說這次培訓成不成功？當然是成功啦！但是，培訓是否有效？不一定。如果培訓現場學員們私底下打瞌睡、玩手機、走神……我們說，這次培訓就是無效的成功。因為培訓不僅僅是要人來，更要的是參訓人員的「心」來，「腦子」來，不能融入課堂，吸收知識，引發思考，這次培訓是失去意義的。

還有我們在生活中也會看到有些專案工程為了趕工，不斷加班，工期倒是如約完成，但是工程品質卻成了「豆腐渣」，這些專案即使完成了也是無效的成功。現實中，無效的成功充斥在你我身邊，耳熟能詳、不勝枚舉。

衡量員工工作績效的兩把「標尺」

綜上所述，我們的工作不是做完了就算 ok 了，而是要做好、做到位。既要成功，也要有效。那麼，成功與否我們用什麼來衡量，是否有效又要靠什麼來確保呢？

成功的衡量標準是結果。拿到的是什麼樣的結果，結果是否符合我們的預期，這是衡量成功的依據。沒有結果，你無法證明成功。

態度確保結果的有效性。如上述管理情境中所描述的現象，報告在第二天 9 點前如期上交是必須的，但報告的書寫品質完全取決於祕書的工作態度；來參加培訓可以，但是否用心聽講也要取決於受訓者的態度。沒有態度就沒有有效。

所以，領導者要想取得有效的成功，要記住：

成功與否取決於完成工作的結果；有效與否取決於完成工作的態度。

那結果和態度是衡量是否能夠取得有效成功的兩個「標尺」，我們又透過什麼可以獲得結果，透過什麼來確保態度呢？

結果靠能力來獲得

比如，2016 年是巴西里約奧運。各國選手都摩拳擦掌朝向著一個目標而來 —— 奪金牌。但最終，每個賽事只會有一個選手摘金。那這個摘金的選手憑什麼？相對來說，憑的是能力。（當然，我們也不排除運氣、偶然性等因素，但畢竟這些因素不是主流，並且也不能確保結果的反覆驗證。）無論是商場還是戰場，能夠取得理想結果的，一定是具備相應能力的，這是基本規律。

由此，我們可以得出結論：結果靠能力獲得。知道你的下屬具備什麼樣的能力，你就可以預測下屬大概會取得什麼樣的工作結果。

態度靠意願來確保

態度需要靠意願來確保。員工是否具備做好工作的意願，決定了他是否有做好工作的態度。亦如我們列舉培訓的例子。讓員工參加培訓很重要，但更重要的是員工來了之後能真正把心思放在培訓中，他是否收穫了需要的知識和訊息。如果學員對本次培訓沒有意願，即使人來了，「心」也來不了，不會有良好的學習態度，所以只能玩手機、走神……而如果本次的培訓是學員本身就想聽的、需要的，那麼，他對培訓就充滿意願，學習中的態度自然就好。現實中仔細想想，我們每個人又何嘗不是如此呢。有意願做事，我們自會全力以赴、精神百倍；而沒意願做的事，我們又會推三阻四、應付了事。

2.2 如何評估員工工作表現

現實中對能力的錯誤觀念

現在，我們知道了結果需要靠能力獲得，那麼，我們如何評價一個人是否有能力呢？

很多領導者整天在評判某某有能力，某某沒有能力；某某能力高，某某能力低。那麼，領導者究竟是拿什麼來評判能力的？有沒有一個標準？這個標準又是否科學呢？

我在課堂上提問上述問題的時候，很多學員會告訴我，評判能力很簡單，就看他是否能拿出好的結果來，就知道他有沒有能力了。

這個答案初看上去似乎是正確的，但是實際這個答案有三個問題。

邏輯順序

現實中，領導者應根據執行者的能力來預測工作是否應該交由其去做。如果讓這個人去做，他能不能得到你想要的結果。而不是拿到執行後的結果來驗證此人的能力如何如何。

不能只用結果來證明能力

古人云：莫以成敗論英雄！英雄毫無疑問能力超群，但自身又受制於「天時地利人和」等能力之外的因素，所以，成敗不由己。由此，我們也可以看出：能力是確保結果的重要因素，但並不是唯一因素。

能力和結果是不可逆的關係

現實中，很多事物之間都存在在「不可逆」關係，能力和結果亦是如此。能力可以預測結果，但結果不可以證明能力。兩者就像是時間和金錢的關係一樣。我們常說：時間就是金錢。但是從來沒有人能夠反過來說——金錢就是時間。你擁有再多的金錢，也不可能去換來比 24 小時多一分鐘的時間。

那到底要怎樣才能評價一個人的能力呢？

請先思考一個問題：《西遊記》中的師徒四人誰最有能力呢？

答案想必仁者見仁智者見智。而最令人無法接受的是，認為孫悟空有能力的人無法說服認為唐僧有能力的人，而認為唐僧有能力的人，也無法改變認為豬八戒有能力的人的觀點。於是，我們各執一詞，莫衷一是。

原因是：要評價一個人的能力，首先不是評價，而是要學會界定。不能界定的事物，就沒有衡量標準。既然沒有標準，我們如何能去評價和比較呢？

界定能力的標準——「做什麼」？

不問「做什麼」，我們無法評價任何人的能力。只有問了「做什麼」，才有界定的標準，我們才能進行比較和評判。

比如：當我們問師徒四人誰最有能力的時候，我們腦海裡思考的不是評價，而是先反問「做什麼」？如果是念經，非唐僧莫屬；如果是降妖除魔呢？毫無疑問是孫悟空；如果是吃飯泡妞呢？八戒此項無人能及；而論聽話執行、維護團隊，沙僧自是功不可沒。其實，每個人都有自己的能力。無論是評價還是比較，都要先學會界定。

現在，我們知道了評價能力的第一步是「做什麼」。但僅僅知道這個，我們依然無法對人的能力做出有效評價。

管理情景 1：

此時的你是一個下屬，需要向上級證明你的能力，你應該如何去做？

假設現在你要應徵一家企業的職缺，這家企業你非常喜歡，職缺也很合適，你需要怎樣向這個公司的證明自己的能力呢？

相信大部分人的選擇就是向這家公司投一份履歷，希望透過履歷來證明自己的能力，這時寫履歷就是重點。

在履歷當中，除去年齡、性別、自然狀況這些內容，在履歷當中，能夠證明你能力的有三個部分。

理解能力的三個指標

指標 1. 知識

寫履歷首先你會將自己的學歷介紹清楚。包括從哪一年到哪一年在哪所學校接受過何等教育，受訓過什麼樣的培訓，取得了何等的等級或資格等，你都會將自己學習經驗在履歷中描述清楚。將自己所學所會在履歷上展現出來，是為了證明你擁有了哪些知識。而擁有哪些知識，決定了一個人知不知道如何做，以及懂不懂對錯的標準。

比如，我們讓一個沒有學習過法律的人去諮詢法律，讓不懂會計的人去管帳，這樣做一定不會得到好的結果。因為這些人沒有學習過相關知識，有知識的盲點，他們不知道這些工作如何去入手，也不知道事情的重點是什麼以及如何將這些事情做好。

所以，學過什麼證明是否有相關的知識。反過來看，如果想知道一個人是否有知識，只需要問一句：「學習過嗎」就可以了。學過了就有知識，沒有學過就沒有知識。

那知識有什麼用？我們說：有沒有知識決定了一個人知不知道如何做，以及能不能正確評判對與錯。第一，如果一個人沒有相關的知識，便不知道在這個相關領域中應如何開展工作。比如，我們不知道文字，就無法進行讀寫；不會數學，就無法計算；不懂醫學，就不能救死扶傷；不懂法律，面對官司也不會應對……其實我們細細想想，今天在企業中，我們對管理者的要求其實也是不恰當的。通常情況下，企業的管理者一是「空降」而來，二是「內拔」起來，而多數又以後者為主。內部提拔起來的管理者，他們過去是業務員、技術員，或者是某一方面的傑出人士，但是他們沒有學過管理，現在企業將他們提拔上來，不給予任何培訓和知識的教導，卻要直接按照管理者的標準來考核他們。從某種意義上說，這是不合適的。因為他是一名優秀的工程師或業務經理，不代表他天生就會是一名優秀的管理者，要使他成為一名優秀的管理者，企業首先應該給予管理的培訓，然後再輔以教練輔導，再慢慢融入考核獎勵等措施，這才是企業應該採取的正確做法。而現在許多管理者在其管理職位上無異於「無照駕駛」，這從本質上來說既違規又浪費資源。

指標 2. 經驗

當你將自己的學習經歷介紹清楚後，就該介紹自己的工作經歷了。工作經歷主要說明你曾經做過什麼，做了多長時間等，這些是用來證明你的經驗。一個人只要透過學習所獲得的都是知識。只有親身去經歷了，並且在經歷中有所反思和結論的才是經驗。

我們來看經驗這個詞是由什麼組成的。

第一個字「經」，指的是經歷；第二個字「驗」，指的是體驗和驗證。所以，經驗這個詞必須和兩點掛鉤：第一，是否有經歷，第二，在經歷中是否有自身的體驗和對規律性的驗證。

因此，經驗有兩個特性：

其一，沒有經歷不成經驗；

其二，沒有體驗別談經驗。

★沒有經歷不成經驗

使人成長的不是歲月，而是經歷。如果一個人年紀大，但經歷少，就不能說這個人經驗豐富。譬如，以前我們有句「開玩笑」的老話：老子吃過的鹽比你吃過的米多，老子走過的橋比你走過的路多。這能說明什麼？經驗豐富嗎？恰恰不是！而只能證明經驗的單一性。我們想一想，此人一輩子都在吃鹽了，對酸甜苦辣的滋味體驗深嗎？一輩子都在過橋，有乘過飛機坐過高鐵，爬過山走過草地嗎？這樣的經歷最多能夠說明，在吃鹽和過橋這兩件事上「老道」一些罷了。現實中，有生產線的員工自我標榜，自己擁有 20 年的工作經驗，但其實不過是把 2 年就可以完成的經驗比別人多重複了 10 遍而已。請記住，只有經歷的豐富性才能證明經驗的豐富！

★沒有體驗別談經驗

那是不是只要有了經歷，經驗自來？也未必。試想，如果一個人有經歷，而不在經歷中去反思去領悟的話，那這個人依然是沒有經驗。現實中，有些人無論是在工作還是生活中總是不長進，甚至是娛樂也總在低點徘徊，原因就是雖有經歷但不去反思，探尋事物背後的原因和規律。所以，我們常常會見到被人笑稱為「臭手」、「臭棋」等等這樣的人，都是有經歷，卻不好好體驗的人。

職業棋手和業餘棋手重要的區別就是，職業棋手下完一盤棋後，無論輸贏都要進行「覆盤」。所謂覆盤，就是以下「盲棋」的方式，把剛才的棋局重走一遍。逐步分析每一步棋的對錯緣由，以便反思改進，不斷提升。「覆盤」在我們管理實踐中簡單說就是總結（當然覆盤不能等同於總結，因為其內涵要比總結複雜的多，尤其是覆盤中要有推演，這是其和總結最根本的區別）。事情做好了要總結，為的是把經驗總結出來，於是形成了流程；事情做失敗了也要總結，為的是把教訓總結出來，於是形成了制度。無論流程還是制度都是管理實踐中逐漸總結摸索出來的，可見總結對日常管理經營的重要性。

同樣，我們也可以反過來看，如果想了解一個人是否有經驗，只需問一句話：「你做過嗎」。做過了就有經驗，沒做過就沒經驗。

經驗很寶貴，很多領導者在工作中更多是依靠經驗來管理，並且可以為領導者節省大量時間。但現實中，我們又會發現一些人卻「栽倒」在經驗上。為什麼？因為經驗最怕變化。如果你總是固守著過去的經驗，卻不能根據時空的轉換等可變因素及時做出調整，經驗反而會讓我們「作繭自縛」。所以，最基本的道理：經驗必須符合時代的要求，與時俱進的經驗才是真正的經驗，過了時的經驗反而是「障礙」。非但不會成為成功路上的「墊腳石」，還會成為成功路上的最大「絆腳石」。

那經驗有什麼用？我們說：既然經驗是一個人或組織在長期實踐中摸索總結出的規律，於是，可以對未來同類型事務有「未卜先知」的預測和判斷。首先，經驗的適用範圍必須是同類型範疇。比如，一個經驗豐富的中醫，讓他進行企業經營可能完全是個「門外漢」，但他只需要看一眼病人的「面相」，可能就知道有什麼病，病到什麼程度，要怎麼醫治。這就是經驗的功能。經典案例就是「扁鵲見蔡桓公」。這個小故事說的是：

名醫扁鵲去拜見蔡桓公。

扁鵲在蔡桓公身邊站了一會兒，說：「大王，據我看來，您皮膚上有點小病。要是不治，恐怕會向體內發展。」蔡桓公說：「我的身體很好，什麼病也沒有。」扁鵲走後，蔡桓公對左右的人說：「這些做醫生的，總喜歡給沒有病的人治病。醫治沒有病的人，才容易顯示自己的高明！」

過了十來天，扁鵲又來拜見蔡桓公，說道：「您的病已經發展到皮肉之間了，不治的話還會加深。」蔡桓公聽了很不高興，沒有理睬他。扁鵲又退了出去。

十來天後，扁鵲再一次來拜見，對蔡桓公說：「您的病已經發展到腸胃裡，再不治會更加嚴重。」蔡桓公聽了非常不高興。扁鵲連忙退了出來。

又過了十幾天，扁鵲老遠望見蔡桓公，只看了幾眼，就掉頭跑了。蔡桓公覺得奇怪，派人去問他：「扁鵲，你這次見了大王，為什麼一聲不響，就悄悄地跑掉了？」扁鵲解釋道：「皮膚病用熱水敷燙就能夠治好；發展到皮肉之間，用扎針的方法可以治好；即使發展到腸胃裡，服幾劑湯藥也還能治好；一旦深入骨髓，只能等死，醫生再也無能為力了。現在大王的病已經深入骨髓，所以我不再請求醫治！」

五六天之後，蔡桓公渾身疼痛，派人去請扁鵲來治病。扁鵲早就知道蔡桓公要來請他，幾天前就跑到秦國去了。不久，蔡桓公病死了。

扁鵲四次見到蔡桓公，每次都僅從面相上就看出蔡桓公的問題，並作出預測和醫治方法的判斷，其行醫經驗令人叫絕！

指標 3. 技能

在履歷當中介紹完自己的知識和經驗後，接下來第三個部分該是介紹自己的業績了。

我們會向企業介紹，在職期間，我們都參與過什麼專案，做出過怎樣的成績，取得了什麼績效，產生了什麼改變……這些業績，都是證明你擁有的技能。技能有什麼用？我們說：技能是業績的直接保證。沒有技能，知識也好、經驗也罷，都不能直接換取業績。這就是現實中，我們見到很多「書生」型的人才，知道的多但就是換不回業績來；也有很多「老將」，經驗豐富，但也是業績賽不過年輕人的原因。那麼，技能是如此重要，又是怎麼得到呢？技能簡單說，來自一個字「練」。曾經，有記者問NBA巨星柯比為什麼打球打得好？柯比反問了記者一個問題：「你見過洛杉磯凌晨四點的樣子嗎？」記者語塞。柯比說「我知道每一天凌晨四點的樣子」。任何一項技能，都是需要經過長期刻意練習來提高的。對此，無論是美國暢銷書作家麥爾坎 · 葛拉威爾（Malcolm Gladwell）的經典作《異數：超凡與平凡的界線在哪裡？》（*Outliers: The Story of Success*），還是丹尼爾 · 科伊爾（Daniel Coyle）的《天才密碼》（*The Talent Code: Greatness Isn't Born. It's Grown. Here's How*）等書籍都有詳細論述。

唐宋八大家之一的北宋歐陽修在其所著的〈賣油翁〉的故事裡，記述了陳堯咨射箭和賣油翁酌油的事，康肅公陳堯咨善於射箭，世上沒有第二個人能跟他相媲美，他也就憑著這種本領而自誇。有一次，他在家裡射箭的場地射箭，有個賣油的老翁放下擔子，站在那裡斜著眼睛看著他，很久都沒有離開。賣油的老頭看他射十箭中了八九成，但只是微微點點頭。陳堯咨問賣油翁：「你也懂得射箭嗎？我的箭法不是很高明嗎？」賣油的老翁說：「沒有別的奧妙，不過是手法熟練罷了。」陳堯咨聽後氣憤地說：「你怎麼敢輕視我射箭的本領！」老翁說：「憑我倒油的經驗就可以懂得這個道理。」於是拿出一個葫蘆放在地上，把一枚銅錢蓋在葫蘆口上，慢慢地用油杓舀油注入葫蘆裡，油從錢孔注入而錢卻沒有溼。於是說：「我也沒有別的奧妙，只不過是手熟練罷了。」陳堯咨笑著將他送走了。

故事篇幅不大，但形象生動，巧妙地說明了「熟能生巧」的道理，讓人體會了所有的技能都能透過長期反覆苦練而達至熟能生巧之境。

★案例：《ID4 星際終結者》

美國九十年代拍攝了一部科幻片名字叫做《ID4 星際終結者》，這部電影講述的是外星人入侵地球，因為是美國拍攝的電影，所以美國在電影中就成了地球的捍衛者。於是就由美國對外星人進行反擊。不過外星人非常厲害，很快美國空軍就被打的落花流水。此時，美國空軍擁有當時最先進的戰機 F-18，但是空軍飛行員都已經犧牲的差不多了，於是，美國總統下令在民眾當中招收飛行員來開展新一輪的反擊計畫。這時，喝的醉醺醺的羅素 · 凱斯（Russell Casse）就出來應徵空軍飛行員。

在應徵完空軍飛行員之後，招募員對應徵的人群說無論怎麼樣，首先你們要上航空電子學，說完這句話之後要求每人先說一下自己的飛行經驗，從羅素 · 凱斯開始，於是就有了下面一段情節：醉醺醺的羅素 · 凱斯搖晃著站起來說：「我的名字叫羅素 · 凱斯，越戰結束後我做空中噴藥的工作，一直做到現在。在私人方面我有件事想要補充，自從十年前曾經被外星人俘走（周圍人的表情表示沒有人相信他的話），我一直想要復仇，我只想讓你知道，我不會令你失望。」然後對軍官豎起大拇指。

那麼現在的問題就是，如果你是負責招飛行員的軍官，看到之剛才羅素 · 凱斯做的自我介紹之後，你會將當時最先進的一架 F-18 戰鬥機交給他嗎？

現在根據我們之前講過的內容進行分析，答案很快就出來了，是不可以。

為什麼？我首先來界定羅素是做什麼的？我們不能簡單定義他是開飛機的，這樣判斷執行力就過於籠統了，容易判斷失誤。那羅素到底是來「做什麼」的？準確的答案是：進行空戰。我們判斷執行力的時候，判斷的不是工作，而是工作背後的職責，更是為了實現職責應完成的具體任務活動。只有判斷到活動這一個層面，才能對能力有準確的認知和界定，因為能力最終是展現在具體的活動上。

因此，簡述不可以的理由以下：

表：羅素開戰鬥機的能力分析

羅素開戰鬥機的能力分析		
指標	分析	結論
知識	需要上航空電子學，說明缺乏開戰鬥機空戰知識	×
經驗	開過噴灑農藥的飛機，並不能證明他在空戰中有任何的經驗	×
技能	噴灑農藥和空中格鬥在具體操作上所要完成的活動並不相同，所以，羅斯的技能也不具備	×
結論	綜合判斷，羅斯不具備開戰鬥機進行空戰的能力	×

第一點：羅素不具備駕駛 F-18 的知識。因為案例中招募員說過首先你們要上航空電子學，也是就是羅素缺少駕駛現代化戰機的知識，他需要去學習。

第二點：羅素缺乏駕駛 F-18 的經驗。羅素在越戰之後，一直是做空中噴灑農藥的工作，這只能證明其有這方面的工作經驗，並不能證明其有駕馭戰鬥機和進行空中戰鬥的經驗。

第三點：羅素不具備駕駛 F-18 的技能。空中噴灑農藥的飛機無論從效能、複雜度、駕駛難度方面都無法和 F-18 戰鬥機相比，並且，從事噴灑農藥的操作方式，對於駕馭 F-18 戰鬥機來說完全不同。另外，技能的第一個要素確定自己的目的和標準，這點羅素也不能滿足。影片中羅素想要加入空軍的目的是為了向外星人復仇，他是為了個人企圖，而不是為了拯救地球，他的目標和組織的目標是不一致的，目的也是不完全一致的。所以我們很難確定羅素在戰鬥當中是否能夠真正理解上級的作戰意圖。

判斷技能的六要素

★ 第一個要素：確定工作的目標

這裡我所說的目標，不是一個詞，而是由兩個片語成的：目的和標準。

第一個詞「目的」：執行者必須確定工作的目的。第二個詞「標準」：執行者必須確定執行的標準。

現實中，有太多的執行者不明確自己的工作目的是什麼。因為工作目的不明確，導致工作到底應該如何做，工作的標準是什麼完全不知道，甚至背道而馳。這樣的執行者我認為只能叫有「行動力」，而不能叫有「執行力」。

一次，我和一位老學員A老闆，在他的辦公室交流。過程中，他的辦公司主任手裡拿了一張A4紙來找他，辦公室主任說：「A總好，下個月要把公司各個部門的列印機更換新的了。為做好採購工作，我去了解並發現市場上的列印機大體分兩類：一類是品質比較好但價格比較高，不過耗材比較便宜。還有一類列印機價格比較低，不過耗材價格要高一些。所以我在幾個價格區間裡面選了五種性價比最好的列印機，您看一下。認為哪款合適您就圈出來，我就著手去辦了。」

辦公室主任將A4紙遞給老闆，老闆一看就懵了，我看了也乾瞪眼。因為辦公室主任遞過來的A4紙上面寫的內容非常簡單，只寫了列印機的品牌及數字型號在上面，後面接著寫價格。每種列印機到底長什麼樣子、具體什麼情況，我相信A老闆和我一樣，都是丈二金剛摸不到頭腦。

不知道是因為A老闆本身就是這麼想的，還是因為我在旁邊的原因，他看完紙上寫的東西略微皺了一下眉頭，就拿起了自己的簽字筆，在A4紙最上面——價格最高的列印機型號上劃了一個圈，旁邊寫上了同意，然後在下面簽上了自己的名字。在簽名的時候他對辦公室主任說：「買列印機這種小事情，以後就不用向我請示了，你們辦公室自己決定就行。記住，這類東西就選最好的買，別動不動就壞了，耽誤工作，知道了吧。」

辦公室主任聽後連連點頭稱是，然後拿著老闆簽完字的A4紙出去。他走了之後，我就問A老闆，你剛才這麼做，是真的這麼想的還是有什麼其他想法呢？他說潘老師怎麼了？我說以小見大，這樣做有些不妥吧。他說怎麼啊？辦公室主任已經將列印機備選型號都摸清楚了，並且潘老師，你不知道，我這個辦公室主任心細，但就是大事小事都不敢做決定，凡事都是請示我來做決定，我現在都頭痛了。所以今天我就是給他一個做事的方法，讓他知道以後小事就不用來請示我了。

聽完 A 老闆如此原委，更是讓人哭笑不得。我們現在來分析一下：

剛才 A 老闆對辦公室主任一個簡單的行為中就包含了兩個明顯的不妥。

第一，辦公室主任的工作並沒有做好，老闆就輕易做了自己的決策，這是欠妥當的。接下來老闆要為自己輕易做出的決策來負責。而不是你的辦公室主任為自己沒有做好準備工作而承擔後果，於是老闆將辦公室主任的錯誤攬到自己的身上。

第二個，老闆在回答下屬問題的時候，必須要有一個思路，這個思路就是下屬問老闆問題，老闆首先要思考的不是問題的答案，而是問題的屬性。

簡單說，下屬的本職工作範圍之內的事情，以及公司裡常規性工作，老闆是不需要給答案的。如果這些事情老闆都要給下屬答案，下屬就會對老闆產生依賴性。我們都知道人性中存在趨利避害的因素，這樣直接提供給下屬答案的話，你將會變的越來越累。因為你總是在提供下屬答案，而下屬將變的無事可做。

那麼，辦公室主任的錯誤在哪裡呢？辦公室主任的錯誤在於工作根本就沒有做完。而 A 老闆也沒有指出其中問題。

假設我是 A 老闆，辦公室主任將這樣一張 A4 紙拿到我的面前，我會立刻將 A4 紙還回去，告訴辦公室主任把工作做完，準備工作沒有做完我如何能確定簽字。

那麼，辦公室主任哪些準備工作沒有做完？我們一起來思考：更換列印機是工作的手段還是工作的目的？答案很明顯：是手段，不是目的。

這就牽扯到我們所說技能的第一個要素，高技能的員工第一點就是清楚自己工作的目的，而不是盲目地將手段當做目的。

既然更換列印機是手段，那目的是什麼？很簡單：列印機的功能只有一個，就是列印。更好的列印就是目的。確定了目的會怎樣工作，如果是我，首先會要求各個部門把列印數量做分析報備，根據其具體需求更換合適的型號。即便是批次採購，也要最基本分為兩大類：列印量多的部分要配備品質好耗材成本低的；列印量少的部門完全可以降低採購成本，用價格低一些的就可以。

上例中的辦公室主任之所以工作沒有做好，就是不問工作的目的，導致執行標準不清楚，才會把一張沒有價值和意義的 A4 紙交到上司手上。我們說，這就是工作缺乏技能背後的原因。

再舉一個例子，曾經我幫一個高階商務連鎖酒店做培訓，培訓對象是來自全國各地的店長。在授課的前一天，我入住了這個連鎖酒店，培訓自然也在這個酒店裡舉行。

因為這段時間一直在外奔波講課，入住後我發現自己的手指甲有點長了，就打電話給服務檯，要了一個指甲剪，想要修剪自己的指甲。很快服務人員就將指甲剪送過來了，我用指甲剪剛剪第一個指甲就發現「壞了」，這個指甲剪非常鈍，閉合也沒有力量，幾乎無法順利將指甲剪開。但是已經剪下去了，指甲也留下了槽痕，無論如何我都要剪完這個指甲。終於在我百般努力之下，這個指甲算是剪好了。這樣的指甲剪是沒辦法用的，合起來我放到了自己的電腦包中。

第二天在幫這些店長學員們培訓時，我將這個指甲剪拿了出來，問道：「請問我們給客人提供指甲剪是服務的手段還是目的？」

店長們異口同聲：「是手段。」

我繼續問：「那麼目的是什麼？」

店長們七嘴八舌，答案各異。

總之，店長們的共識是：能為客人解決剪指甲的問題，提供更好的服務是目的。

就店長們的答案我們再來推敲這枚指甲剪，無論是從事件本身還是深層分析，就會發現其中的問題。如果指甲剪不能為使用者提供順暢的修剪功能，就沒有價值，甚至還會造成反作用。要知道，這類物品並不屬於酒店服務必須提供的範疇，即便沒有提供，客人也不會不滿。但如果提供了卻不能正常使用，反而會引發不滿。導致這樣的服務行為，其結果非但沒有造成好的作用，反而傷了客戶的心。

現實中，有些事不做沒事，而一旦要做，就要做好，做到位，否則適得其反。由此，我們再次強調：執行者技能要求第一條便是認清工作目的，掌握執行標準。

★第二個要素：能做出正確的思考判斷

請思考一個問題：大腦和心臟哪個更重要？

這是我在培訓中經常會提出的一個問題，學員們的回答往往見仁見智。我發現，其中最多的答案不是二選一，而是會說：都重要。這就說明，現實中很多人其實缺乏做出正確思考判斷的技能。

「都重要」這個答案貌似最穩妥，但其實根本沒有回答。我問的是「哪個更重要？」「更重要」的前提就是已經承認了兩者都重要，但只能從中選擇出一個來。那為什麼選不出來呢？弘一法師一語點破：識不足則多慮。這個「識」指的是分辨力，如果欠缺分辨力的話，我們選擇的時候就會瞻前顧後、優柔寡斷。同樣，領導者在決策的時候，也必須有「識」，才能正確選擇和取捨，現實中見過太多的領導者在做決策時，往往難以取捨，躊躇不決，最後做出一個妥協或折中的決策，於事於人都不能滿意。要知道，決策很多時候就是在選擇取捨中定奪，無論兼顧還是折中，往往得不到最佳答案。

那麼，到底大腦和心臟哪個更重要呢？這裡我提供一個判斷的工具 —— 替代性。有了「替代性」這個工具，這個答案就迎刃而解。如果事物可以被替代就不重要，而不可替代的事物就是重要的。

現在，我們用「替代性」這個工具再來思考腦和心哪個更重要的問題，就能得出答案：大腦更重要。因為現實中，大腦是無法替代的。

從此案例我們也可以看出，技能的高低是需要掌握一定的思考和判斷技術的，這決定了執行者能不能做好、會去如何做的基礎。

★技能的第三個要素：技術或技巧

技能六要素中，其實我們平時注意最多、評價最多的部分就是技術或技巧。無論從事藝術還是管理工作，各行各業都有自己的相關技術。而具體應用中，我們又會去學習或得出自己的一些技巧，正是因為技術和技巧有高下之別，才讓執行者產生了技能的高低之分。

★技能的第四個要素：運用工具

工欲善其事，必先利其器。執行者對工作中所要運用的工具掌握和使用程度，也決定了其技能的高低。正如，劍客走江湖仗著的是手中的利劍，所以，劍客要經常磨劍保持劍鋒的鋒利；琴師撫琴奏樂要依靠手中的琴，所以，琴師要經常調弦保持琴的音準音效。領導者所能運用的工具其實就是自己，領導者也必須要注意保持自己健康的體魄和清晰的頭腦。總之，執行者運用工具的先進性、多樣性，以及自身對工具的熟悉度、熟練度都決定了現實中解決問題的能力，並且也是技能高低的重要評價依據。

★技能的第五個要素：相應的生理素養

是否具備相應的生理素養直接決定了你可能達到的技能水準。比如，一個人如果天賦嗓音不高卻非要從事歌劇藝術，或身高欠佳而想在籃球運動中有所作為，基本是困難的。工作中同樣如此，身高、體重、智商……甚至性別，都直接導致有些工作是適合的，有些卻可能根本無法從事。另外，在多年從事諮商培訓過程中，我對各行各業的管理職位亦有規律性的發現。無論是國內還是外資企業，能坐上高層管理職位尤其是「首席」位置的人，都有一個工作特徵，那就是精力過人！身處管理職位的人，情商智商不見得都是高的，但基本上都是能「熬」的，而能熬得住卻又實實在在需要強健的生理素養。

★技能的第六個要素：相應的心理素養

心理素養和技術相輔相成，相得益彰。心理素養好的人更能發揮出好的技術，而技術好的人也更自信，更容易表現出穩定的心理素養。並且，在個體技術的比拚過程中，很多時候造成決定作用的不是技術或技巧本身，而是心理素養。

我們舉一個很經典的奧運射擊場上的例子，創造賽場「傳奇」的運動員叫馬修·埃蒙斯（Matthew Emmons），他是技藝令他人望而生畏的美國射擊選手。

2004 年雅典奧運男子步槍三姿決賽，前九槍領先對手 3 分之多的馬修最後一槍鬼使神差地把子彈打到了別人的靶子上，居然還是驚人的 10.6 分。將幾乎是納入囊中的金牌拱手讓出，結結實實應驗了我們那句老話：煮熟的鴨子又飛了！而更令人匪夷所思的還是 4 年之後，技藝更加成熟的馬修·埃蒙斯再次參戰北京奧運。那是難忘的 2008 年 8 月 17

日，北京奧運男子 50 公尺步槍決賽舉行。埃蒙斯在倒數第二輪領先將近 4 分，金牌幾乎唾手可得的情況下，重演了雅典的嚴重失誤，最後一輪僅打出了 4.4 分，最後埃蒙斯僅獲第四。

兩屆奧運、兩次大幅度領先，兩度又拱手將金牌讓與他人。

從技術上來看，埃蒙斯是無敵的；但從結果上來看，埃蒙斯又是可悲的，究其原因就是該選手沒有比賽中抗高壓的心理素養。功敗垂成的往往不是因為技術，而是心理素養。反過來看，喬丹之所以能成為「籃球之神」，身高不是最高的、身體不是最強壯的、甚至技術也不是最出色的，但為什麼可以被譽為「身披 23 號的上帝本人」？蓋因其出色的技術穩定性和在關鍵時刻能夠完成「絕殺」。而「絕殺」最核心的是心理素養，其次才是技術。

現實工作中，我們同樣會看到很多產業和職業也對心理素養有相應的規範和要求。甚至在一些職業中，你有沒有可靠的心理素養直接決定了你是不是「職業選手」，比如極限運動。可見，心理素養對一個人技能的影響，尤其是關鍵時刻的影響至關重要。

現在我們將六要素綜合起來，就可以判斷此人的技能如何了。

再將知識、經驗和技能三者結合在一起，就是對執行者能力的綜合評估。

警戒線：不要誤把高意願當做高能力

了解了對能力的界定和評估，現在我們再舉一個大家耳熟能詳的案例檢驗一下我們的掌握程度。

《三國演義》中諸葛亮最出名的敗仗是那一次？應該算是失街亭吧。那足智多謀的諸葛亮為什麼會失街亭呢？你可能會說是因為用人不當。

那他又用錯了誰？馬謖。如果你也是這麼認為，請問：馬謖沒能力嗎？

在我培訓過程中，絕大部分人都認為馬謖是有能力的。這樣，就出現了一個前後矛盾。既然馬謖是一個有能力的人，那麼諸葛亮就沒有用錯人呀！這樣的錯誤顯然就是因為我們在評估執行者的能力之前，沒有界定「做什麼」。

如果讓馬謖當參謀是有能力的，但讓馬謖守街亭，能力就有問題了。現在，從能力的三要素上來分析其中的原因。

表：綜合判斷馬謖的能力

綜合判斷馬謖的能力		
指標	**分析**	**結論**
知識	知識馬謖毫無疑問的，是擁有的，因為他熟讀兵書，通曉兵法	✓
經驗	守街亭需要實戰，但是馬謖是沒有作戰經驗的，因為馬謖從來沒有親自領兵上陣過	×
技能	馬謖也沒有守街亭的技能。我們只知道馬謖當參謀的業績，從未見過馬謖帶兵沙場的業績	×
結論	綜合判斷，馬謖這個人有當參謀的能力，但是沒有守街亭的能力	×

綜合判斷下來，馬謖這個人有當參謀的能力，但是沒有守街亭的能力。

評估出了馬謖守街亭是欠缺能力的，我們不僅又要問，諸葛亮是名智者，為什麼沒有看出來馬謖不適合守街亭呢？拋卻「智者千慮必有一失」這樣的大道理不談，從領導者對下屬評估的角度來看，諸葛亮犯了一個今天很多領導者都可能犯的大忌——誤把執行者的高意願當成了高能力！

如何評估執行者的意願

前面衡量員工工作績效的時候，我們說有兩把「標尺」：其一是能力，其二就是意願。而現實中，我們要麼把能力和意願分不清楚，要麼就不知孰輕孰重。這樣，領導力自然就容易出問題。

那麼，什麼是意願，我們又怎麼判斷執行者的意願呢？

意願和能力一樣，也有三個具體的評估指標，分別是：動機、信心和承諾。

我們現在再結合「失街亭」來分析，就很容易了解什麼是意願，並對失街亭產生的原因豁然開朗。

《三國演義》原文：「孔明大驚曰：『今司馬懿出關，必取街亭，斷吾咽喉之路。』便問：『誰敢引兵去守街亭？』言未畢，參軍馬謖曰：『某願往』。」由此來看，守街亭一事並非諸葛亮欽點馬謖，而是其主動請纓。據此，我們可以判斷馬謖是具備守街亭的意願的，並且清晰地展現了意願三要素的第一個要素——動機。一個人想去做事，這就是動機的依據。換句話說，當執行者面對任務推三阻四，不想去做的時候，我們就認為這是其缺乏動機的表現。在具體工作中，領導者要判斷執行者是否具備執行的動機，就抓一個字「想」。想做的人就有動機，不想做就是缺乏動機。

分析出來馬謖具備執行的動機後，我們再順著事件的發展往下分析。

《三國演義》原文:「孔明曰:『街亭雖小,關係甚重:倘街亭有失,吾大軍皆休矣。汝雖深通謀略,此地奈無城郭,又無險阻,守之極難。』謖曰:『某自幼熟讀兵書,頗知兵法。豈一街亭不能守耶?』孔明曰:『司馬懿非等閒之輩;更有先鋒張郃,乃魏之名將:恐汝不能敵之。』謖曰:『休道司馬懿、張郃,便是曹叡親來,有何懼哉!若有差失,乞斬全家』。」透過接下來諸葛亮和馬謖的對話,我們又能看出來,其實諸葛亮到目前為止對馬謖並不放心,還是不認可馬謖能力的。但馬謖的態度卻相當清晰並堅定,是什麼讓其有這番表現呢?是因為馬謖具備意願的第二個要素 —— 信心。執行者有信心才會有意願去執行,反之,對任務缺乏信心的人,往往執行的意願相對要低。從馬謖的固執的程度上來看,在守街亭的問題上他對自己是相當有信心的。那執行者的信心來自哪裡呢?一個字「能」。信心來自於執行者對自身能不能完成任務的主觀判斷。這與我們前面所描述的能力完全不是同一回事。前面我們所講到的能力,是指領導者對執行者透過三要素進行客觀的評估,而這裡所說的「能」,是指來自執行者自身的主觀判斷。並且,我們對自身的判斷容易出現兩種不正確的方面:有的人自我感覺過高了,容易出現「自大」的現象;而有的人自我感覺過低,又會出現「自卑」的現象。在守街亭的問題上,馬謖顯然自我感覺過高了,他雖然有信心,但是實際上這份信心並不真實。

而接下來的問題在於,諸葛亮非但沒有指出馬謖的這種「自視過高」,或者直接勒令馬謖退下冷靜清醒,反而順勢還「逼」了馬謖一把。

《三國演義》原文:「孔明曰:『軍中無戲言。』謖曰:『願立軍令狀。』孔明從之,謖遂寫了軍令狀呈上。」至此,諸葛亮派出馬謖守街亭的來龍去脈我們都搞清楚了。最後諸葛亮之所以對馬謖「放手」，是因為馬謖最後給諸葛亮呈現了意願的第三個、也是最後的一個要素 —— 承諾。馬謖給諸葛亮立下了軍令狀，這在我們現實的工作中，就代表執行者對領導者有了實實在在的承諾。是這份承諾，把諸葛亮對馬謖的心理防線給瓦解了。承諾是意願的重要保證，只有執行者對自己的工作做出了承諾（尤其是公開承諾），在具體執行過程中才更會加倍努力，全力以赴。

表：綜合判斷馬謖的意願

綜合判斷馬謖的意願		
指標	分析	結論
動機	主動請戰，證明「想做事」	✓
信心	公然主張「若有差失，乞斬全家」，證明自己能做好工作	✓
承諾	「謖遂寫了軍令狀呈上」，證明對工作做出了具體而且公開的保證	✓
結論	綜合判斷，馬謖對守街亭是有意願的	✓

至此，執行力的兩把「尺子」都介紹完畢，我們總結以下：評估工作執行力有兩個重要指標：能力和意願。何為能力？能力是知識、經驗和技能三個要素的綜合。何為意願？意願是動機、信心和承諾三個要素的綜合。

能力和意願是「正比關係」，並互為前提。

第一，正比關係是指兩個關聯的事物之間，如果 A 高，B 也高；如果 A 低，B 也低。也就是說，如果執行者的能力比較高，相對來說執行的意願也會比較高；如果能力較低，意願也會相應較低；反之同理。第二，執行力低的原因，有的人是因為能力偏低，導致意願低；也有的人是因為意願低，導致其能力降低。很多時候，我們只是看到了員工執行力低下的表現，但真正想解決問題，必須深入了解執行力低的成因，是因為能力低造成的還是因為意願低造成的？不同的成因，對症破解的方法肯定不一樣。能力低更多的要輔以培訓，意願低則要考慮需求、激勵等因素。

能力是基礎，意願是調節器，意願可以調節能力的發揮和發展。

在對員工執行力的判斷中，能力和意願哪個要素是基礎要素呢？我在培訓的時候，很多學員會主張意願。這是不對的！請思考，在我們的實際工作中，無論是選人用人還是提拔人，首先是看有能力還是有意願？當然是首先看能力了，沒有能力就等於不具備基礎條件。並且，透過「失街亭」的案例，我們可以清楚的發現：不具備能力，縱有意願也做不成事。所以，我們說「能力是基礎」，這也是必要條件。但意願是調節器，意願可以調節能力的發揮和發展。如果有意願，低能力的人可以激發自身的潛力或者尋求提高能力的方法，能力自然會得到提高，這就是意願調節了能力的發展；而高能力的人來說，如果有意願則會盡情施展自己的才華，釋放自身能量，這就是意願調節了能力的發揮。反之同理。

在工作中，領導者應該更關注提升執行者的能力還是意願呢？

是意願。

為什麼呢？我們一起來思考一下「賽龍舟」這項運動。龍舟上的什麼人是領導者？是鼓手。鼓手有什麼領導作用？兩點：一個是統一節奏，再一個是鼓舞士氣。對領導者而言，鼓舞士氣就是工作中調節並激發下屬的意願。在戰爭中，有句名言：士氣比武器重要。這個「氣」字，也是指意願。拿破崙說:「兩軍交戰，三分之二拚的是士氣。」同樣，《左傳》中有一篇著名的文章〈曹劌論戰〉，裡面有句經典：夫戰，勇氣也。一鼓作氣，再而衰，三而竭。亦是同理。

相對穩定的是能力，變數大的是意願。因此，領導者應著力改變更具有可塑性的因素 —— 意願。在見效的速度方面，提升意願見效更快。同時，能力和意願之間存在著充分條件的關係：將一個人的意願提高，其能力相應可以提高，但將其能力提高，意願卻不一定會提高。所以，領導者在工作中，要著重關注下屬的意願。

2.3 分類與應用工作執行力

對工作執行力進行有效分類

透過能力和意願這兩個基本指標，我們可以對執行者的工作狀態進行較為科學而又準確的界定。這種界定我把其稱為「執行力」。而透過執行力的兩個指標，我們就可以將下屬劃分為四類，這四類我們分別稱之為：N1、N2、N3、N4。

現在我們已經將下屬進行了分類，下面我們就要對這四類下屬進行鑑定。

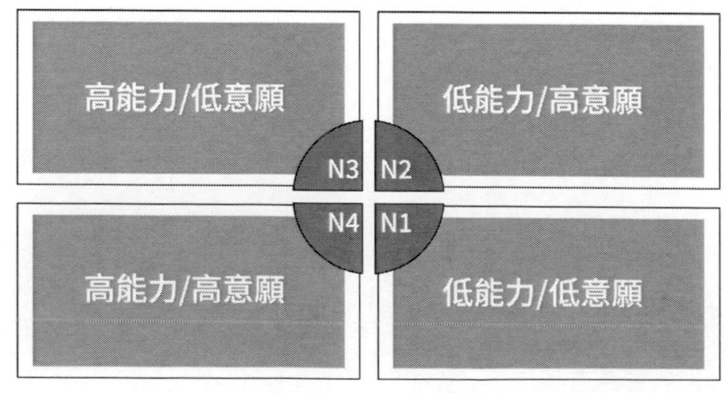

圖：執行力 4 個類型

如何評估工作執行力

我們用《三國演義》中的「赤壁大戰」來做案例進行分析。N1 是什麼樣的人？是以張昭為首的主降派，這些人既缺乏抗曹的能力，也缺乏抗曹的意願；誰是 N2？魯肅。此人雖然也缺乏破曹的能力，但有破曹的意願。N3 有是誰呢？曹操這邊的謀士徐庶。此人已經識破了龐統獻連環計的用意，可謂曹操手下最有能力之士，可是卻並不為曹操點明，完全無意為曹操出力，是典型的高能力低意願。N4 想必大家都知道，諸葛亮、周瑜皆是。此二人都有破曹的能力，也有破曹的意願。如此，才有了歷史上轟轟烈烈的赤壁大戰。

評估執行力的步驟

以《西遊記》四大主角為例做執行力判斷

現在我們來看中國四大名著之一的《西遊記》。其中師徒四人唐僧、孫悟空、豬八戒、沙僧。如果你是這四個人的上司，你認為在《西遊記》中這四個下屬分別是什麼類型的員工呢？現在，我們來看看如何運用執行力這個工具。

第 1 步 . 界定「做什麼」

按照前面所推進的，首先我們要問他們在《西遊記》中要做什麼？師徒四人聚在一起是為了去西天求取真經。確定了「做什麼」，我們需要再評估能力。請問，取經需要具備什麼能力呢？

第 2 步 . 判斷能力

取經需要具備什麼能力？最重要的當屬降妖除魔的能力。為什麼這麼說呢？因為要完成取經工作所應從事的具體任務就是克服九九八十一難，這又用到了前面所介紹的重要工具 —— 替代性。取經當然需要很多能力，但唯有降妖除魔的能力是不可替代的，沒有這個能力就無法達到西天。

那這四個人的取經能力如何呢？如果我們把這四個人劃分為兩類，一類是高能力，一類是低能力。那麼，孫悟空和豬八戒都屬於高能力，而唐僧和沙僧都屬於低能力。

第 3 步 . 分析意願

評估完能力，我們再分析師徒四人的取經意願。同樣，如果我們把這四個人劃分為兩類，一類是高意願，一類是低意願。那麼，在師徒四人當中，唐僧想都不用想就可以劃到高意願的類別裡。沙僧雖不多言，但取經中任勞任怨、意志堅定，也可以劃進去。豬八戒一路上多是好吃懶做，尤其是遇到困難，往往以撂挑子、分行李等表現居多，自是要分到低意願的類別中。那悟空呢？應該說悟空在取經的過程中是歷經了低意願到高意願的轉變。尤其隨著與師父及團隊的進一步磨合，意願越來越堅定，所以，我們也可以把其劃為高意願的類別。

至此，師徒四人的執行力我們就評估出來了。

孫悟空，既有降妖除魔的能力又有求取真經的意願，屬於 N4 型員工。

豬八戒，具有一定降妖除魔的能力，但是缺乏取經的意願，屬於 N3 型員工。

唐僧，有強烈的取經意願，但完全沒有降妖除魔的能力，因此屬於 N2 型員工。

沙僧，降妖除魔能力較低，但意願具備，和師父同屬 N2 型員工。

那麼，領導者如何保持清醒的思路，提高評估執行力的準確率呢？下面，我們再用「三個一」原則來進行深化。

判斷執行力的三個一原則

管理情景 1：商業實戰場景

曾經有個比賽，將創業菁英們分成兩個團隊，來幫某品牌新推出的一種飲料做一次商業宣傳。紅隊的隊長是這個比賽的冠軍，我們叫他 B，而負責主持工作的是這個比賽的亞軍我們叫他 A。

A 和 B 在現實當中都是創業菁英。尤其是 A，他現在是一家公司的總經理，事業做的非常的成功。

而就在當時比賽的現場，有這麼一段情節：

在現場，A 顯得非常緊張，工作人員將麥克風給他，讓他試麥，他喂喂幾聲之後，自己說了一句：我說什麼，並且重複了兩遍。賽後的採訪也證明了這一點，A 說當 B 請他主持的時候他就非常憂慮，因為他以前從來沒有做過主持這種工作。而且感覺到自己不屬於那種抗壓心理素養好的人。

A 因為緊張，在現場就找到了 B，然後對他說：「B，我不行，緊張。」

B 說：「你緊張什麼，不要緊張，放鬆，。

A 說：「要不你來主持好了。」

B 說：「之前都是你準備的，放鬆，A。你現在就把觀眾當作都是隊友，你想想昨天經過的培訓，這幾天了解的情況，就簡單了。」

A 還是感到緊張，說：「我告訴你我這個人就是⋯⋯。」

還沒有說完 B 就打斷了他，然後說：「有我們，別緊張，放輕鬆一點。你今天說的已經很好，喝點水。」

現在我們就站在紅隊隊長 B 的角度，根據 A 上面的表現，來分析他面對主持工作時，應該是哪種類型的員工。

在案例的開頭，工作人員將麥克風遞給A試麥，他喂喂了幾句之後，重複了兩遍「我說什麼。」我們可以想像，一個即將要上臺的主持人，連自己要說什麼都不知道，那只能說明他缺乏知識，正是因為他缺少知識，才不知道自己應該說些什麼。

並且A在賽後採訪時說了這麼一句話，他以前從來沒有做過主持這種工作。這句話向我們傳遞了一個訊息，這個訊息就是A缺乏經驗。因為他沒有做過，沒有經歷過。緊接著，A又接了一句，而且感覺自己也不屬於那種抗壓心理素養好的人。從這句話中又向我們傳遞了一個訊息，這個訊息就是他缺乏技能。

因為在技能的六種要素當中，第六個就是擁有相應的心理素養。主持人要求心理素養較好，但是A心理素養並不怎麼好，所以他不具備這點。

透過上面的綜合分析，我們就能夠判斷，在做商業主持這項工作上，A是欠缺能力的，因為他缺乏知識，缺乏經驗同時也缺乏技能。

而在意願方面，A也同樣不具備主持的意願。

首先，A對於自己做主持毫無信心，因為A從主持臺上跑了下來，然後對他的隊長B說：「B，我不行，緊張。」我不行代表A認為自己在主持這項工作上欠缺能力，緊張代表對自己的信心不足。

其次，A在整個過程中沒有做出過任何承諾。我們沒有看到A說我要上臺，我一定能夠將這個主持作好。

最後，A也缺少主持動機。A從臺上跑了下來，將麥克風向B推諉，他明確的表示，要不你來好了。想要將主持工作推諉給隊長B證明A並沒有想要做好這份工作，所以說欠缺動機。

而缺乏信心、沒有承諾、缺少動機，這些就證明 A 缺少意願。既缺少能力，又缺少意願，那麼我們就可以判斷 A 在主持方面就是一個典型的 N1。

但是相信在我沒有公布之前，N2、N3、N4 都有人會選擇。我們再來分析判斷錯誤的原因在哪裡。

★為什麼會判斷錯誤？

認為 A 是 N4 的人，錯誤主要在誤認為 A 在現實當中是一個成功的企業家，在比賽當中又能夠獲得亞軍，那麼他就必然是一個無所不能的人，因此就會出現錯誤。

要明白，任何一個人的能力都是有範圍限制的，一個人能夠做好這件事情，不代表他能做好另一件事情。同樣，一個人做不好這件事情不代表他做不好其他事情。能力決定了一個人的做事寬度，而水準決定了一個人做事的高度和深度。所以無論 A 今天事業做的有多麼的成功，但是他在商業主持的工作上是缺乏能力的。

認為 A 是 N3 的人，錯誤在於將 A 在做主持的意願低和他獲得比賽亞軍，以及在現實取得的成績連結在一起，這個連結是不對等的。如果除去這次主持，根據 A 獲得亞軍，並且在現實當中是一個非常成功的企業家來看，他就是一個 N4，高能力高意願。而如果只是看在這次主持當中的表現，那麼他就是一個 N1，低能力低意願。

認為 A 是 N2 的人，錯誤和認為他是 N3 的人是一樣的，不過是將他沒有主持的能力和他願意參加比賽的意願連結在一起，同樣是條件不對等。

★判斷執行力的「三個一」原則

一個工作、一個時間和一個情境條件。

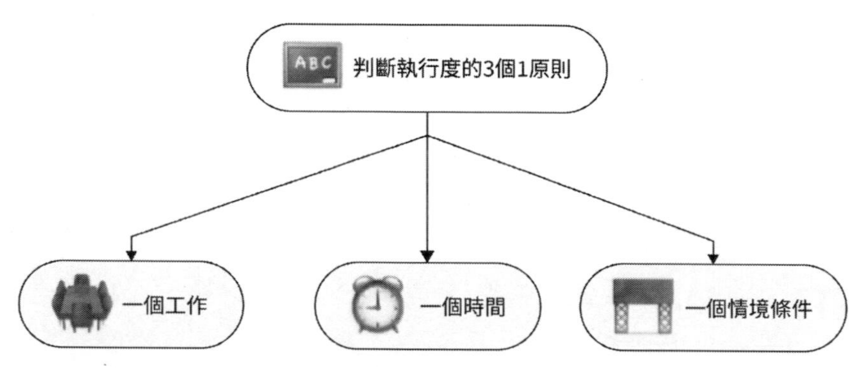

圖：判斷執行力的 3 個 1 原則

一個工作

請問：馬拉度納（Diego Maradona）有能力嗎？現在我們知道了，不能開口就說「有」，而要先問「做什麼？」打籃球？一定不行。所以，領導者在對員工進行執行力評估的時候，每次具體的工作都要進行一次有針對性地判斷。也就是說領導者在判斷員工的執行力時不能偷懶。一事一議，就事論事。不能一概而論地認為：員工這個工作做的好，另一個工作也一定做的好。這是不科學，也是不現實的。

一個時間

執行力的評估是要講究時機的。如果接著上述馬拉度納的例子我們繼續追究，那讓馬拉度納踢足球是否有能力呢？面對這個問題，相信不少人一定會信誓旦旦的稱「有」。為什麼？因為馬拉度納是「球王」啊，這誰不知道！但再深究，那球王現在還能上場代表國家隊踢嗎？現在是不可能的。因此，領導者要秉持這樣的思路：不看過去、不問未來，把握當下。員工曾經怎樣或未來會怎樣都不重要，重要的是當下，是現在的表現怎樣。因為我們需要其現在做，當下做，所以把握對現在的評估是關鍵。這也是為什麼在足球比賽當中會有臨時更換球員的情況，除了有戰術調整的考慮，還有就是球員在現場的表現。開踢之前我認為其有狀態，不代表開踢後真的具備這個狀態；或者說上半場有狀態不代表下半場還有狀態。當球員的狀態不符合比賽要求的時候，教練就要適時做出調整，哪怕你是C羅、梅西這樣的大牌，也一樣會被換下。

一個情境條件

一個人在不同的情況、不同的環境、不同的支持條件之下，他的狀態發揮是完全不一樣的。所以，判斷執行力的時候一定要在當前的情境條件下做評估。

我們還是拿足球來舉例。足球市場上每個賽季結束之後有個轉會，各家球隊都要對自家球員進行盤點，對明年工作有個預期與調整。這個時候，就是球員和球隊間雙向選擇和談判的時候。有的球員因為表現差強人意可能會被球隊賣掉，也有球員因為表現突出會有同行來「挖角」。所以，每年的轉會市場都會上演紛紛擾擾、悲歡離合的大戲。問題是，被自己東家拋售掉的球員，到了新東家就一定表現不好嗎？反之，高薪挖來的球員到了新隊伍裡依然會表現強勁嗎？都不盡然。現實是，有的被「丟包」賤賣的球員到了新東家反而煥發出了「第二春」，而高薪挖來的也有可能被貼上「水貨」的標籤。蓋因這些球員無論原來在上家球隊表現如何，都是因為在當時的情境條件下，其自身的發揮與當時的球隊環境密不可分，到了新東家進入新的團隊、新的環境、新的打法，來到了一個全新的情景條件，一切都存在未知的變數，最明顯的就是2010至2012賽季的梅西，其當時在國家隊和俱樂部隊的表現可謂判若兩人。

在2010至2011賽季，梅西帶領巴塞隆納足球俱樂部贏取了「歐冠」，球隊被奉為「宇宙隊」，是全世界所有球隊的夢魘；2011 至 2012 賽季，梅西破十大世界紀錄，加冕數據之王……梅西可以說是當世無與爭鋒的「球王」。而反觀這段時間其在阿根廷國家隊的表現，卻令人跌破眼鏡。在 2010 年的世界盃以及 2011 年的美洲盃這兩項代表國家最高榮譽的頂級賽事中，梅西代表阿根廷國家隊一共踢了 10 場比賽，但是進球總數卻為「〇」。一個世界第一前鋒，在如此重要的比賽中不能進球，實在令人匪夷所思！

為什麼在同一個人身上，在同一段時間內，竟會出現如此截然不同的情況呢？因為梅西在不同的隊伍裡，他所處的情境條件是完全不一樣的。在當時的巴塞隆納隊當中，一切戰術系統都是圍繞梅西展開的，並且巴塞隆納有兩個非常強力的中場球員 —— 哈維（Xavi）和伊涅斯塔（Andrés Iniesta）。是兩個世界頂級的中場雙核發動機以及整支球隊的共同保障，讓梅西將自己進攻的能力發揮的淋漓盡致。而回到阿根廷國家隊的梅西，首先不適應戰術系統，同時也缺乏強大的中場給他送球，因此梅西就被迫要後撤到中場自己拿球，再帶球突破，這就箝制住了他的進攻能力。所以，領導者在評判執行力的時候，要考慮執行者匹配的情況環境和條件是否能夠將能力完全發揮出來。有句老話：龍離滄海遭蝦戲，虎落平陽被犬欺。說的也是這個道理。龍是神物，上天入海，無所不能，但就是不能離開深海，一旦到了淺攤上法力皆失。而老虎雖然是百獸之王，但是牠必須要藉助高低不平的山勢，老虎借勢騰空撲起的能力讓百獸難敵，而一旦到了平地上，老虎就借勢不得，能力受限了。

管理情境 2

國外有一部反腐電視劇，劇中描述一個城市叫做天都市，天都市市長的兒子叫聶明宇，成立了一個集團叫做龍騰集團。後來有人匿名舉報龍騰集團涉嫌走私，上級部門就要求天都市刑警隊調查一下龍騰集團。於是刑警隊隊長就將要查龍騰集團的訊息告訴給了隊員，引發了一場警員內部的爭論，其中有一段情節是：

刑警隊員李冬：「長官的心思這不明擺著嗎？再說了，什麼是走私，去年一年龍騰集團就捐助了三個希望小學，兩個養老院，天天報紙廣播宣傳者，說它是繳稅第一大戶，我就不相信長官會讓我們把這個財神爺給整死了。」

刑警隊員毛衣女：「就是說阿，你們也不算算，我們局裡有多少家屬在這個龍騰集團上廠裡工作，我們把龍騰集團給查倒了，有多少人得失業，你們誰願意啊。照我說，別查這個了，省點功夫，趕緊辦幾個刑事案，那才是真的。」

刑警實習生龔倩：「我可不信，小冬，你也別這麼說，我覺得事實還是第一，而且這個信上確是有舉報走私販私嘛。我們可以先去查查海關的底單，聶明宇公司的帳單也可以查查啊。」

刑警隊員小伙子：「對啊，我們就去查，這麼一查，什麼事不都明白了。」

李冬：「龔倩，妳要是能從帳上查出聶明宇的問題來，我這李字倒著寫。他是什麼人，妳回去看看報紙吧，國立大學法律系碩士，妳是人，他是人精。」

毛衣女：「你想到的人家全都想到了，我們還不如隨便查一查，糊弄一下，隨便寫個報告交上去，不就得了。」

刑警隊長：「你們幾個老同事好像說話很有情緒嘛。」

李冬：「嗨，沒有情緒，實話實說。長官幹麼讓我們去管這件事呢，這不是讓我們去踩地雷嘛。查出是誣陷，大家高興，那還有功。如果查出問題來，誰敢管。我聽說光上級幹部親屬子女，龍騰集團就養了十來個，我們還能把他們都抓起來？這不是開玩笑嘛。」

毛衣女：「隊長，之前你把電力局給捅了，可結果呢？你被弄出去掃了整整一個月的馬路。龍騰集團可是金牌企業，回頭你再查它，那我們還不全跟著你上山裡喝西北風啊。」

案例到此就結束了，現在我們就站在刑警隊長的角度，來分析他的隊員當中都有 N 幾？

在這個案例當中，刑警隊隊員一共出現了四位：第一個人叫李冬，第二個人是龔倩，第三個人是小伙子，第四個人則是毛衣女。

首先我們來看刑警實習生龔倩的表現，她對這個案件的態度是要查，怎麼查呢？她說：「我們可以先去查查海關的底單，聶明宇公司的帳單也可以查查啊。」從龔倩說出的這番話當中，我們能夠判斷出來她在偵查案件方面的能力是低的。

我們知道，這個案件的涉案人是市長的孩子，一手成立了一家大型集團企業，並且還是國立大學法律系的碩士，面對這樣一個強背景、高智商、商業經驗豐富的人，使用查帳單這麼簡單的方法，肯定是得不到結果的。

所以李冬聽完龔倩說的話之後就說了一句，妳要是能從聶明宇的帳單上查出問題來，我這個李字倒著寫。而從李冬的這句話裡面，我們就可以得知，他辦過的案件非常多，偵查案件的經驗非常豐富。他知道，使用龔倩這麼幼稚的方法是不可能將聶明宇這麼厲害的犯罪分子查出來的。

當然現在上面的這些分析大都是我們主觀的判斷，現在我們再用客觀的因素來鑑定一下。案例當中介紹了龔倩是一位實習生，也就是才從警校出來。而從刑警隊長對李冬和毛衣女說：「你們幾個老同事好像說話有情緒嘛。」這句話我們就能得知，李冬是一位老刑警隊員。將這些放到一起綜合進行判斷，我們就可以判斷出來李冬在辦案方面是高能力的，而龔倩在辦案方面是低能力的。

再來看意願。我們從龔倩的話中很明顯可以看出來，她是有辦案意願的，因為她在積極主動的思考辦案方法，有強烈的工作動機，雖然受到能力限制，想出來的方法並不適用。

這樣我們就可以判斷出龔倩低能力、高意願，是一個 N2。龔倩判斷出來了，短髮小伙子也就判斷了出來，小夥子說：「我們就去查，這麼一查，什麼事不都明白了。」從這句話裡我們可以知道小伙子和龔倩是同一個立場，也想要查這個案子，但是想法也比較簡單，能力偏低。因此他也是一個 N2。

下面我們再來看李冬和毛衣女。李冬剛才我們已經證明了，他是有辦案能力的，但是從李冬的話語裡我們可以知道，他沒有辦案的意願。從他說的「誰敢管」這句話中，我們就能得知他缺乏信心。而從「這不是讓我們去踩地雷嗎」我們得知他沒有工作的動機。最後整個案例當中，沒有聽到他說過一句要查這個案子的承諾。所以說李冬是高能力、低意願，典型的 N3。

最後就是毛衣女，毛衣女在案例中說了三段話，根據這三段話就可以證明毛衣女第一有豐富的辦案經驗，第二此人具備一定的前瞻性，第三此人工作善於靈活變通。

表：刑警隊 4 人執行力判斷

刑警隊4人執行度判斷		
人物	判斷	類型
李冬	高能力　低意願	N3
龔倩	低能力　高意願	N2
小伙子	低能力　高意願	N2
毛衣女	高能力　低意願	N3

第一點，當李冬對龔倩提出查案的方法做出回應之後，毛衣女立刻站到了李冬這一邊，說了一句話：「你們能想到的，人家早都想到了。」這就證明她的經驗也是非常豐富的。

第二點，毛衣女對刑警隊長說：「隊長，之前你把電力局給捅了，可結果呢？你被弄出去掃了整整一個月的馬路。龍騰集團可是金牌企業，回頭你再查它，那我們還不全跟著你上山裡喝西北風啊。」從這段話我們可以看出毛衣女目光還是比較長遠的。

第三點，毛衣女還給出了不查這個案子怎麼去做的方法。首先她說：「抓緊時間辦幾個刑事案才是真的。」之後她又說：「我們還不如隨便查一查，糊弄一下，隨便寫個報告交上去，不就得了。」從這裡就看出來毛衣女對待上級的指示非常靈活，知道用什麼方法來搪塞，同時也知道如何向上級證明我的工作還是有成績的，沒有瞎忙。

綜合判斷起來，毛衣女的能力也是非常強的。

在意願方面，從隨便查一查、糊弄一下這樣的詞語當中，我們就能知道毛衣女沒有工作動機，對這項工作非常消極。毛衣女對龔倩說：「你想到的人家全都想到了。」從這句話中也可以看出她對查龍騰集團和李冬一樣沒有信心。並且從頭到尾我們也沒有聽到毛衣女有過查案的承諾，所以我們就可以判斷她沒有查案的意願。

因此，李冬和毛衣女都是高能力、低意願，他們兩個就是典型的N3。

第三章

變中求變 —— 探索領導藝術的奧祕

3.1 領導者的行為

組織行為學大師保羅·赫塞博士曾說過：「當你在和自己的組織成員打交道的時候，他們會因為你所表現的行為而受到影響。因此，作為領導者，何時運用以及如何運用這些行為是檢驗你是否成功的重要標準。」

的確，領導者在日常工作中必須注重「言傳身教」，但言傳不如身教，身教勝於言傳。領導者的行為影響對下屬和團隊無疑是巨大的。那麼，領導者在領導行為過程中具體都有哪些行為，這些行為有規律可循嗎？答案是一定的。領導者無論在其領導過程中是軟是硬，是民主還是獨裁，其所有行為歸根究柢會發現有且只有兩類。一種是以事務為導向的行為，我稱之為指示行為，還有一種是以人為導向的行為，我稱之為關係行為。換句話說，領導者只要是在領導過程中，所有行為的導向要麼就是關心事務，要麼就是關心人，除此無他。

以事務為導向的「指示行為」

一個領導者每天來到自己的工作職位，其對其所在的組織所要完成的職責、工作或活動很關心，他每天所思所想以及對下屬所表現的多是事務為導向。簡單說，就是領導者很關心的是一個字：事。於是，這種行為必不可少地要伴隨著領導者有很多的指示和指令、安排和部署等等，所以，這種行為稱之為「指示行為」。這種行為更多展現出的是指令、指導、指示等，領導者重視的是計劃、執行、監督、控制等。

並不是在企業管理中，我們會遇到大量的指示行為，在生活中，這樣的行為也是隨處可見。比如，我們去醫院裡驗血，在抽血的過程中醫生就會對我們有著大量的指示行為。抽血時醫生會不斷地給我們作指示，告訴我們應該挽起袖子，露出手臂，然後在抽血的時候先握緊拳頭，之後再放鬆。抽血結束之後，醫生還會告訴我們用棉球按壓住抽血的針口幾分鐘。

在整個抽血的過程中，醫生不會太多去關注我們的感受和想法，也許我們對抽血會感到疼痛、不安，但是醫生依然會按部就班的進行他的工作。

在這裡需要注意的一點就是，指示行為並不是說態度粗暴語言強硬。在抽血的過程中，醫生對我們的態度可能非常的友善，但是他的態度是為了讓我們按照他的要求去做，他並不關心我們想要如何去做，也不需要我們的回饋，只需要我們按照他說的做。這就是指示行為的主要特徵。

以人為導向的「關係行為」

當一個領導者每天來到自己的工作職位，其對其所在組織裡的人很關心，他關心下屬的思想、家庭、生活、狀態、背景、情緒等等，他每天所思所想是以人為導向的。簡單說，就是領導者很關心的是一個字：人。於是，這種行為必不可少地要伴隨著領導者有很多的關心、尊重、認可等等，所以，這種行為稱之為「關係行為」。這種行為更多展現出的是傾聽、鼓勵和支持等等。

如果一個領導者關係行為高，那他的領導理念裡對人的概念就比較多，這樣的領導者特別的關心人、體貼人、關注人，注意人的態度和情緒，注重和下屬進行雙向溝通，並且願意鼓勵並且幫助員工。

3.2
領導者的風格

你屬於哪種風格

下面給你 12 個情境，思考你在這樣的情境中會採取什麼行動。在最符合你行為的選項前打圈。這些都是單選題。

	你面對的情境	你的行動方案
	你的屬下最近對你的友好談話沒有回應，而且明顯很關心他的福利，他們的工作表現也在慢慢變差。	A. 強調工作貫徹始終和完成任務的必要性。 B. 抽空和他們談談話，但不強制要求。 C. 與下屬談話並設定目標。 D. 故意的不干預。
	你團隊成員的工作表現在提升，而且你也一直強調所有下屬都要清楚自己的角色和工作要求。	A. 以友善的方式和組員保持互動，持續地確保他們明白自己的角色和工作要求。 B. 不採取明確的行動。 C. 盡量讓組員感到參與感和自身的重要性。 D. 強調工作期限和任務的重要性。

	組員們遇到了不能自行解決的問題，你通常讓他們自行解決問題。團隊的表現和人際關係向來很好。	A. 和組員一起解決問題。 B. 讓組員們自行解決問題。 C. 迅速果斷地幫助糾正錯誤和給予指導。 D. 鼓勵組員努力解決問題也參加他們的討論。
	你考慮要做一個大的轉變。你的下屬表現出有完成轉變的能力。他們也認為有轉變的必要。	A. 使組員參與到改變的過程，但不強制要求。 B. 宣告轉變，付諸實施並密切監督。 C. 允許組員自行制定工作方向。 D. 匯總組員的建議，但由你自己掌握指揮權。
	組員的表現在幾個月的時間中急劇下降，他們對現實工作目標毫不關心。 在過去，重新設定他們的角色任務曾經奏效過，組員需要一再地被提醒以準時完成任務。	A. 允許組員自行制定工作計畫和方向。 B. 匯總組員的建議，但要注意目標的實現。 C. 重新制定目標並密切監督。 D. 允許組員參與目標的設定，但不強制要求。
	你的團隊漸入佳境，你的前任奉行的是個嚴厲的管理政策。你想維持高產出、高效率的狀況，但同時想推行人性化政策。	A. 盡量讓組員感到參與感和自身的重要性。 B. 強調工作期限和任務的重要性。 C. 故意的不干預。 D. 讓組員參與決策制定，但注意目標的實現。

	你正在考慮組織結構的重大轉變，成員給了很多意見。在日常運作中，這個團隊表現出很強的靈活性。	A. 清晰地定義這個轉變，嚴格推行，緊密監督。 B. 取得團隊對轉變的認可，允許組員們組織轉變的執行。 C. 樂意接受組員對於轉變的建議，但仍控制轉變執行的控制權。 D. 把事情擱在一邊，避免矛盾。
	你的團隊要接手一個重大項目，這會擴大不分組員的職責和責任，尤其是預算方面。你從非正規管道得到消息、組員中的大多數人都在尋求一種新的工作方式，其中包括一條，就是每位組員都擁有更大的決策權。	A. 放手讓組員安排他們希望的工作方式。 B. 經過討論後，進行重新授權和分配責任，但保留否定權。 C. 告訴組員這個項目對於目前的轉變階段太重要了，所以工作的事還是保持不變為好。 D. 召開全體會議，讓大家各抒己見，包括你自己的意見，通過那些取得大家同意的轉變提議。
	你的上級交代給你一項任務，團隊沒有清晰的目標，會議的出勤率很差，會議似乎變成社交聚會。而其實組員們有潛力完成這一任務。	A. 讓小組自行解決。 B. 匯總組員的建議，但要注意目標的實現。 C. 重新制定目標並密切監督。 D. 允許組員參與目標的設定，但不強制要求。

	你的下屬們歷來能承擔起職責，但是對你最近重新制定的標準要求沒有回應。	A. 允許組員參與標準重新制定，但不強制要求。 B. 重新制定標準密切監督。 C. 透過不施加壓力來避免矛盾。 D. 匯總組員的建議，但要注意達到新的標準。
	你得到了升職，以前的主管不再參與團隊事務，組員有足夠能力完成任務並朝正確的方向前進。組內的人際關係也很好。	A. 指導下屬以清晰明確的方法工作。 B. 使下屬參加到決策中來，並做出貢獻。 C. 討論團隊過去表現，並試驗新方法的必要性。 D. 繼續讓組員獨立工作。
	近期有資訊表明下屬碰到一些困難。這個團隊有著良好的工作紀錄，成員們有著長遠的工作目標，過去組員們在一起融洽的共事，而且大家都很有工作能力。	A. 與下屬們嘗試找出解決方案，並試驗新方法的必要性。 B. 讓組員自行解決。 C. 迅速果斷地糾正錯誤並給予指導。 D. 抽出時間與組員們討論，但注意不要影響上下級的關係。

你屬於哪種領導風格

現在把你的回答轉移到以下的表格中去。統計一下你每一列中有多少個圈，並填寫在下方的圖表中。

	被選行動方案			
	(1)	(2)	(3)	(4)
1	A	C	B	D
2	D	A	C	B
3	C	A	D	B
4	B	D	A	C
5	C	B	D	A
6	B	D	A	C
7	A	C	B	D
8	C	B	D	A
9	C	B	D	A
10	B	D	A	C
11	A	C	B	D
12	C	A	D	B

好了，接下來我們可以看一下測試的結果，並展開對領導風格的學習。

了解領導者在領導過程中歸根究柢只有兩種行為：指示行為和關係行為。現在，我們將指示行為和關係行為進行組合，就明白了，現實中的領導者可以分為四種不同的領導風格。

領導風格運用得當會得到非常好的領導效果，相反，選擇了錯誤的風格則會帶來不良後果。因此，作為領導者，你有必要認知並掌握這四種風格。

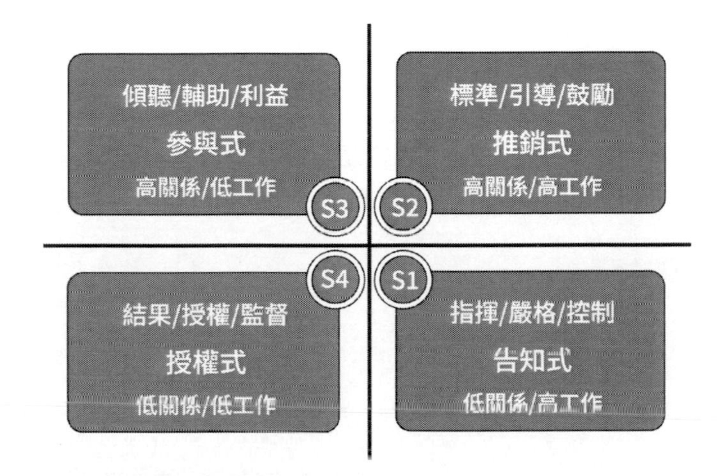

測試結果中 (1) 的數值範圍如表中 S1 的風格，這是一種低關係、高指示的風格，我們將這種領導風格稱為告知式領導風格。

測試結果中 (2) 的數值範圍如表中 S2 的風格，這是一種高關係、高指示的風格，我們將這種領導風格稱為推銷式領導風格。

測試結果中 (3) 的數值範圍如表中 S3 的風格，這是一種高關係、低指示的風格，我們將這種領導風格稱為參與式領導風格。

測試結果中 (4) 的數值範圍如表中 S4 的風格，這是一種低關係、低指示的風格，我們將這種領導風格稱為授權式領導風格。

領導風格是領導者在下屬眼中的表現，和領導者自己的看法無關。也許你認為自己是在工作中一個非常注重人性化的領導者，但是在你的下屬眼中你的領導風格卻有可能是專橫。所以你的行為會對下屬造成什麼樣的影響，取決於他們對你行為的看法，而不是你自己的看法。無論領導者在領導風格中加入了多少個性化因素，其領導風格範圍都是在這四象限中的。而這四種領導風格沒有好壞之分，只有適不適合，具體選用哪種領導風格，這需要視具體情況而定。

領導風格剖析 1：告知式

告知式，簡稱 S1，是低關係、高指示的領導風格。

告知式領導風格主要的工作風格是：

表：S1

S1告知式的領導風格	
1.提供細節	下屬提供細節內容: 誰、什麼、何時、何地、如何以及任務說明
2.領導者是解決問題的主體	領導者決定解決問題即完成任務的風格、時間以及人員
	領導者著手解決問題即作出決定
	領導者宣布解決方法及做出的決定
3.單向交流	主要的交流風格是領導對下屬的單向交流
4.嚴格控制	領導者提出詳盡的問題檢查下屬對任務的理解和 下屬的工作進展

S1 適用的情況

S1 我們叫做告知式。這種風格的領導者更多是以事務為導向。現實中，這種以事為本的風格，在需要強執行力的組織中更容易出現，比較有代表性的就是軍隊。比如在戰場上指揮者需要拿下一個陣地，他只會直接指令下級幾點以前，必須拿下某某陣地。

S1 都是以結果為導向，以任務為導向的。這種風格適合用在團隊的建立期。當你剛建立起一個團隊時你第一件要做的事情就是：制定規矩。沒有規矩不成方圓，沒有規矩，你帶不了團隊。

請思考：領導者帶團隊是先寬點好呢，還是先嚴些好呢？答案：最好是先嚴後寬。《菜根譚》裡有句經典的話：恩宜自淡而濃。先濃後淡者，人忘其惠；威宜自嚴而寬。先寬後嚴者，人怨其酷。領導者向下屬施行恩惠宜少而多，適可而止，循序漸進，如果一開始就施恩無度，先多後少，一旦把人們的胃口養大以後，就會把先前的恩惠忘得一乾二淨。反過來，管理應該先從嚴開始，如果一開始你很寬鬆，後來再慢慢變嚴格，下屬就會覺得你這個人很冷酷。一個領導者要樹立權威，從一開始就要堅持原則，對下屬從嚴要求，等到形成了良好的制度、文化和自覺性後，就可以寬鬆一些，因為制定制度的目的是不要制度。如果一開始就放鬆要求，姑息遷就，然後再嚴厲的話，人們就接受不了，就會埋怨領導者嚴酷。同樣，領導者帶領團隊一開始養成高標準嚴要求，下屬就會形成高標準嚴要求的習慣，在工作時也會嚴格要求自己，而且並不會感覺有什麼不對勁的地方，因為他已經養成了習慣，這對於之後的工作開始非常有好處。但是帶團隊一開始就低標準鬆管理，下屬就會形成低標準鬆管理的習慣，在工作中對自己要求也就低，等下屬都養成了鬆鬆垮垮拖拖拉拉的習慣後，再想嚴格要求，就會出現問題。

因此，S1 就是為了立規矩，就是為了養成良好習慣標準的。領導者必須明白一句話，嚴是愛，寬是害。

舉個例子，我們都上過學，尤其是年紀小的時候，一門功課我們能學的好，就是因為一個字，這個字就是「愛」。要麼你愛這門功課，要麼你愛這門功課的老師。如果你既不愛這門課，也不愛這門課的老師，卻依然能夠學的好，這就是因為老師非常的嚴格。當時你可能會怪這門老師管的太嚴，但是你今後在工作中，在生活中，透過這位老師的嚴要求你受益了，你就會感謝這個老師，謝謝他當年對你嚴格，才讓你現在受益良多。

在組織當中，不嚴格要求，下屬就不會得到成長，只有嚴格要求，才能讓下屬得到真正鍛鍊，釋放他的潛力，展現出他的價值。所以領導者對下屬嚴格，是為了更好的幫助他們成長。而如果你希望自己的下屬團隊得到成長，就說明你愛他們。這就是我們常說的「嚴是愛，寬是害」的道理。

S1 領導風格有效和無效的情境

每一種領導風格使用後都可能產生作用，也有可能毫無作用。這主要是看領導者是否能夠合理運用。

有效情境：指導下屬

能夠合理運用 S1 領導風格的領導者，對分配給下屬的工作任務有明確的指示，同時他們還會對下屬詳細講解任務，對可能得到的結果有準確的猜想。當下屬不知道應該如何開展工作時，S1 領導者就會幫助下屬，提供他們相關的訊息和建議，避免工作任務得到不好的結果。

無效情境：完全控制

當下屬對工作有足夠的了解，有詳細的工作計畫，知道如何開展工作，並且已經開始行動時，此時 S1 領導風格就非常不恰當了。這時 S1 的領導者會進行沒有必要的控制，打亂下屬工作的計畫和步伐。

S1 領導風格的 3 種行為

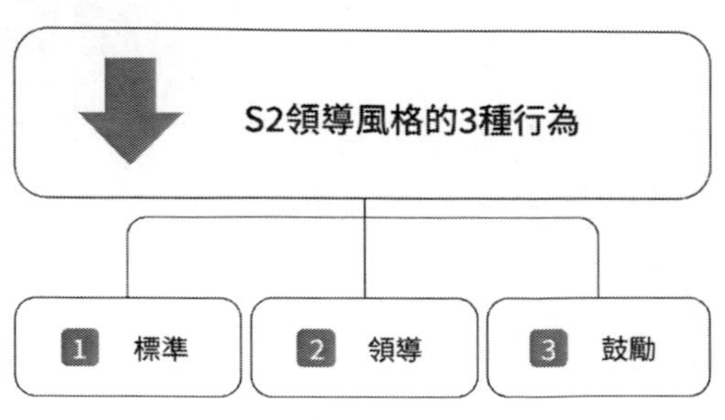

圖：S1 領導風格的 3 種行為

領導風格剖析 2：推銷式

推銷式，簡稱 S2，是高關係、高指示的領導風格。

推銷式領導風格主要的工作風格是：

表：S2

S2推銷式的領導風格	
1.提供細節	誰、什麼、何時、何地、如何
2.雙方交流有所增加	領導者向下屬解釋作此決定原因並徵求他們的意見
	領導者表揚下屬的主動性
	領導者評估下屬的工作表現並給出回饋意見

S2 適用情況

那麼當團隊建立起來，立起規矩之後，第二個階段領導者和團隊進入了磨合期，S2 適用於磨合期。採用這種風格領導者既要關心事，又要關心人，因為要彼此磨合、彼此互動、一起成長。

S2 叫做推銷式。因為這種領導風格就像是業務員對待客戶一樣。業務員對待客戶我們強調要耐心、細緻、講清楚、說明白。在 S1 這種風格中，上下級互動比較少，而 S2 風格上下級互動就會多很多，要有來有往，有問有答，領導者要將你的熱情和注意力都投入到團隊工作和下屬身上。在磨合的過程中，領導者要和下屬說清楚工作的標準在哪裡，下屬可以做什麼不可以做什麼，做什麼是對做什麼是錯，你對了會怎麼樣，錯了會怎麼樣等等。如果下屬不會做，領導者不要著急，要學會教方法，引導下屬一步一步來。並且，一旦下屬能夠做好，領導者要及時進行鼓勵。因為在磨合期的時候，人的意願很容易飄搖不定，領導者只有及時鼓勵才能夠保護和鞏固下屬的工作意願，讓其持續提高和進步。

S2 領導風格有效和無效的情境

有效情境：解決問題

能夠合理運用 S2 領導風格的領導者經常會和下屬進行溝通，了解他們所關心的事情，讓他們尋找到工作存在的問題，並且積極提出解決問題方案，成為解決問題的參與者。領導者就會從下屬那裡獲得建議，有效的收集意見，會見那些參與解決問題的下屬，加快解決問題的速度。

無效情境：參與過多

如果領導者沒有恰當運用 S2 領導風格，讓下屬參與決策就會被看做是參與過多。

比如有關決策的會議開的過長，或者本應該完全由領導者做的決策也讓下屬參與，這樣不但達不到效果，反而會讓下屬感覺有些莫名其妙。

S2 領導風格的 3 種行為

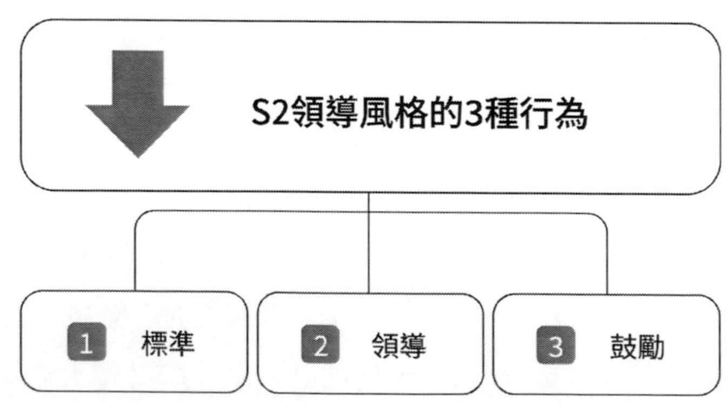

圖：S2 領導風格的 3 種行為

領導風格剖析 3：參與式

參與式，簡稱 S3，是高關係、低指示的領導風格。

參與式領導風格主要的工作風格是：

表：S3

參與式領導風格	
1. 鼓勵提出建議	由下屬做出決定、支持冒險、稱讚下屬的表現、具體地指出下屬的優點，表達你對下屬工作能力的信心。
2. 關心下屬情緒態度	解決下屬工作態度冷漠的問題、探求他們工作態度冷漠的原因。
3. 提供幫助	「需要我幫什麼忙？」將新任務和過去的經驗連繫起來。

S3 適用的情況

當你和你的團隊走出了磨合期之後，接下來你們就會共同進入團隊發展的第三個階段，叫做團隊的成熟期。這個時候，團隊成員對自己要完成的職責和工作已經非常清楚了，而這個時候，團隊能不能高效出色地完成工作，不取決於員工對工作本身的理解，而取決於他願不願意做，想不想做好。處在這個時期的團隊，展現出來的是四個字：事在人為。

領導者這時只要把人搞定了，員工就一定能做好工作。很多時候，對於一個成熟的員工來說，他做不好工作不是因為事情有問題，而是他人有問題，他的思想存在問題。這時領導者要將注意力下移，給下屬更多的自主權和參與權，所以說適合這個時期的 S3 領導風格就叫參與式。上下級一起參與、一起工作、一起決策、不分彼此。作為一個陌生人來到你的團隊裡，幾乎分辨不出來誰是領導者誰是被領導者。

這個階段的領導者要善於傾聽下屬的心聲，了解團隊在工作中的矛盾、問題和困難，並學會輔助而不是幫助下屬去解決問題。什麼是輔助，輔助和幫助是有區別的。今天，很多領導者工作出現問題，就在於他太愛幫助下屬了。幫助就是當下屬出現困難，領導者手把手的幫他解決，這就是幫助，幫助最大的缺點就是讓下屬養成對你的依賴性，領導者幫助下屬越多，下屬就越沒有自主性，越不愛負責任。輔助就是只給下屬解決問題的原則和方向，不給方法和答案。強調的是誰做事，誰就要想方法，誰想方法，誰就要為方法負責任。

S3 領導風格有效和無效的情境

有效情境：培養下屬

合理使用 S3 領導風格的領導者會在下屬決策需要幫助時提供支持。這種支持可能以提問的形式出現。領導者會在下屬給出的答案中尋找線索，然後給出自己的建議。但是領導者在給出建議的同時還會強調責任還是在下屬身上。這些問題包括：

你怎麼看待這個問題？

你現在的目標應該是什麼？

你還有其他的選擇嗎？

哪種選擇最有助於你實現目標？

無效情境：過於遷就

不恰當的去傾聽下屬所面臨的問題，然後在給予一定的支持上有可能會成為過於遷就的領導者。

一些 S3 領導者會為了建立良好的人際關係而十分關注和他人的交往，他們希望能夠讓周圍所有人都喜歡自己，所以就不分時機的去幫助下屬。這樣做的結果就是周圍人對他們的印象都不錯，但是卻不會給予他們足夠的尊重。

S3 領導風格的 3 種行為

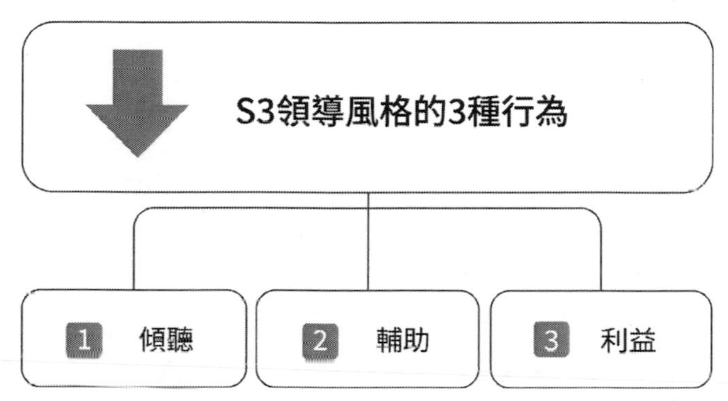

圖：S3 領導風格的 3 種行為

領導風格剖析 4：授權式

授權式，簡稱 S4，是低關係、低指示的領導風格。

授權式領導風格主要的工作風格是：

表：S4

S4 授權式	
1. 授權	確立目標並描述大環境
	由下屬做出決定
	提供資料及具有挑戰性的新工作
2. 資訊系統	建立一個良好的資訊系統
3. 獎勵和支持	設立與工作相宜的獎勵
	緩解小組內部或各位小組成員之間的矛盾
	提供支持或培訓
4. 監督措施	制定應急計畫
	強調結果，適度監督

團隊的巔峰狀態是貢獻期，領導者在這個階段當中發現團隊裡那些有高產出的貢獻者，他們是領導者值得信賴的員工。作為團隊領導者，當你把工作交代給他們的時候，你不需要多管多問，你只需要和他們在結果上達成共識即可。至於工作應該怎麼做、能不能正確應對過程中出現的問題，你都不需要多考慮。這也是一種領導風格，這種風格就叫授權式。授權式是低關係、低指導，它的特點就是少管少問，在對值得信賴的員工少管少問時，非但不是對他們的冷落，反而表示了你對他們有充分的信任，而信任正是激勵下屬最好的方法之一。

尤其是對於那些既想做好又能做好工作的下屬來說，如果領導者向其指派工作時交代太多，比如「你原來做過嗎？」、「你知道如何去做嗎？」、「這項工作很重要，隨時向我彙報進度。」等類似的話，員工就會從你的話中感受到領導者對他的不信任，這時員工的工作積極性就會大大降低。有些領導者在指派工作時喜歡安排的非常細緻，話特別多，他們認為這是自己細心的表現。但是這種做法是不是一定合適，有沒有挫傷下屬工作的主動性卻沒有思考過。

老子在《道德經》裡有云：悠兮其貴言。這裡的悠兮不是指悠閒，而是指從容。真正有水準的領導者每天都是很從容的。因為有水準的領導者有前瞻性，他可以準確的洞察未來，一切事情都在他的掌控之中，所以他做事能夠很從容。同時有水準的領導者也相信自己的能力。他知道自己可以做到力挽狂瀾，所以他會從容。最後有水準的領導者會給下屬堅定的信心，所以他才會表現的從容。領導者越從容，下屬就越有信心，工作也就會越盡力。工作越盡力，就會做到的越好，領導者又可以更加從容。這就進入了一個正循環。老子的話後半句是「其貴言」，其貴言指的就是說話少。真正有水準的領導者平時說話少。領導者話越多代表他的管理系統越差，話越多，代表他的管理效率越低。

S4 領導風格有效和無效的情境

有效情境：賦予責任

領導者恰當使用 S4 領導風格，給予下屬足夠的權力和責任，不過多的干涉下屬的工作，讓他們擁有自主權。此時下屬充分感受到被信任的感覺，工作的熱情也就會被點燃，同時對工作責任特別的看重。當下屬工作取得成績的時候領導者還會對他們表示認同，這也是一種非常有效的鼓勵的方式。

無效情境：逃避責任

一個領導者不分具體情況，而將所有的權力和責任都下放給下屬，此時領導者就會被看做一個逃避責任的人，因為其中而一些責任本是應該由領導者承擔的。

同時下屬在完成工作的時候如果因為訊息缺乏或者信心缺乏而做出錯誤的決策，最終導致工作的失敗。此時下屬就會倍受打擊，開始懷疑自己的能力。並且他們還會認為是領導者的不作為、不管理造成了這一結果。

S4 領導風格的 3 種行為

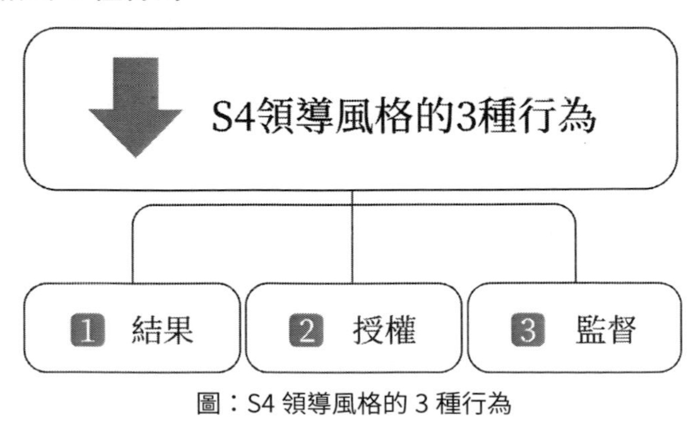

圖：S4 領導風格的 3 種行為

如何判斷領導者的領導風格

想判斷一個領導者的領導風格，就看他在領導過程中指示行為和關係行為是否存在，以及存在的比例。

案例：《卡特教頭》[011]

這部電影是以美國真人真事為原型改編的，電影主角卡特教練所帶領的里奇蒙籃球隊是美國西部高中籃球大聯盟裡面常年倒數第一的球隊，後來卡特教練自薦來執教，僅僅用了一年的時間就將這支球隊帶成了冠軍。現在，卡特教練的球隊殺入了總決賽，對手是去年的總冠軍灣丘隊，贏了這支球隊就可以成為總冠軍。但是現在卡特的球隊處於劣勢的狀態，於是卡特教練在比賽還有 1 分 20 秒結束的時候叫了暫停，有了下面的這段對話：

卡特教練：「別慌，還剩 1 分 20 秒，我們只落後 6 分對吧。我們整場比賽都在追他們，我們能做到，這是我們大顯身手的時候，對嗎？」

隊員：「對！」

卡特教練：「好，先使用『坎蒂』戰術，戴米恩（Damien Carter）要投三分，凱恩（Kenyon Stone）、萊爾（Jason Lyle）嚴密掩護他，等他投中三分以後，馬上轉換稱『黛安』戰術，緊逼近內線的傳球，封死傳球路線，我要你們把球搶回來！加油寶貝們，把手伸出來，我數到 3 的時候大喊『這是我們的時刻』！」

從卡特教練與隊員的互動中我們可以看出，他是在採用 S2 的領導風格。當比賽即將結束球隊還處於落後時，他叫了暫停，將球員叫到自己的身邊，他說的第一句話就是：別慌。「別慌」說明他關心人而不是關心事，事情不會慌，只有人才會慌，第一句就說明卡特教練首先在以人為

[011] 《卡特教頭》是由 MTV Films 出品的體育勵志片，由托馬斯·卡特（Thomas Carter）執導，山繆傑克森（Samuel Jackson）等主演，於 2005 年 1 月 14 日在美國上映

導向，使用的是關係行為。接下來卡特教練說還有 1 分 20 秒，我們落後 6 分，我們能做到。這些話都是在穩定人的情緒，這還是關係行為。之後卡特教練又安排了球員的戰術，誰去投三分，誰去打掩護，什麼時候用什麼戰術，他明確的做出了工作的知道和指示，這些就是指示行為。最後卡特教練說加油，把手伸出來，我們來大喊「這是我們的時刻」，這些又是關係行為。

一路分析下來我們發現，卡特教練對隊員說的話頭尾都是關係行為，中間加了一個明確的指示行為，這就是高關係、高指示 S2 的領導風格。而接下來，當面對球員「罷訓」的時候，卡特教練又採取了另外一種領導風格。

在當球員們懶散的圍坐在教室，對卡特「出盡風頭」表達了不滿之後，卡特和隊員們有了以下的一段對話：

卡特教練說：「這就是你們看到的？讓我告訴你們我看到的，我看到的是一個不給你們出路的教育系統。我知道你們相信數字我就給你們些數字，里奇蒙高中（他們所在的高中）畢業率是 50%，畢業生只有 6% 能夠上大學，也就是說，每次我走進體育館看到你們時，可能其中只有一個能夠上大學，這時你們可能會問『該死的，卡特教練，如果我不能上大學我該怎麼辦？』這個問題問的非常好，對於在美國的黑人來說，答案很可能就是坐牢。18 至 24 歲的男性黑人，33% 的都會坐牢，現在看看你左右的人，你們其中有一個就會坐牢，這就是你們要面對的，這就是事實。你們回家後，仔細想一想你們的將來，看看你們父母的現狀，然後問你們自己，『我想要過得更好嗎？』如果答案是肯定的，我們明天在這裡見。我保證，我將會盡我的全力讓你們上大學，給你們一個美好的未來。

卡特教練這次對他的球員採取的是 S3 的領導風格，整段話中沒有任何指示行為。但是我們相信，當他的球員聽完這番話之後，一定會聽從卡特教練領導，因為卡特教練的話叩問人心、直擊心靈，並且卡特教練點明了打籃球的價值和意義，這件事的價值是能夠上大學，這件事的意義是能夠改變你的人生。

從卡特教練的表現上來看，無疑他是一個非常優秀的領導者。在球場上，他就像一隻怒吼的獅子；而球場下，他又像一個諄諄教導的慈父，他的領導風格就是該軟就軟，該硬就硬，彈性非常足。一個領導者的風格彈性越足，就說明他的適應性強，變化性強，因而領導能力也必然越強。

領導者的四種領導風格，就像是在你工作中需要用到的四種工具一樣，你的工具越多，你能解決的問題就越多。如果你的手裡只有一把螺絲起子，你就會把自己所有遇到的問題都看做是一顆螺絲釘，解決辦法就是上去擰兩下。

如果你碰到的問題真的是一顆螺絲，那只能說明你運氣好，但是如果你碰到的問題是一顆釘子呢？螺絲起子可解決不了釘子的問題。想把釘子釘到牆上去，你最需要的是一把錘子。我再打一個比喻，領導風格也像音符一樣。音符只有 7 個，非常少，但是將 7 個音符組合起來可以得到的音樂旋律非常多，多到千變萬化。而領導的風格只有 4 種，但是透過交叉組合可以得到千變萬化的領導手法和領導方式，領導者能組合出多少領導方式在於其四種風格是否都可以靈活的運用。

★ 領導風格單一的弊端

四種領導風格各有優點和缺點，沒有哪一種風格是萬金油，所以，領導者在日常工作中要學會組合使用這些領導風格。

當然，不同領導者的習慣千差萬別，使用四種領導風格的頻率、組合種類各不相同，或者有的領導者只喜歡使用單一的領導風格。不同的使用方法就會得到不同的結果，下面我們介紹下四種領導風格不同組合所帶來的不同結果。

主要使用一種領導風格

S1 領導風格

善於指導下屬是主要使用 S1 領導者的長處，使用這種風格的領導者非常果斷，做出決策不需要很多的建議。他們給下屬下達的命令也非常明確清晰，並且會解釋的非常清楚，確保工作的順利完成。

而主要使用這種領導風格的缺點則是有時候下屬知道如何開展工作，領導者卻橫加干涉下屬的工作，讓下屬頭痛不已。

S2 領導風格

習慣使用 S2 風格的領導者善於邀請下屬一起來參與解決問題的過程，同時非常善於傾聽下屬所遇到的問題，從中獲得建議，然後根據他們的建議做出決策。

習慣使用 S2 領導風格的缺陷則是過多的讓下屬參與到決策中來，降低工作的效率。

S3 領導風格

喜歡使用 S3 風格的領導者善於發掘和培養下屬，同時非常善於傾聽下屬的意見。這類領導者還喜歡幫助員工將問題分析清楚，但是不會干預他們承擔責任。

然而過多的傾聽下屬的意見，幫助下屬解決問題就成為了一種遷就，下屬則會對領導者產生依賴性，同時失去對領導者的尊敬。

S4 領導風格

主要使用 S4 風格的領導者擁有放權的特長。他們善於給下屬找到適合其的責任，並且給他們足夠的自主權。此時在下屬眼中領導者就是一個相信他們，並願意讓他們去挑戰的領導者。然而缺點也非常明顯，下屬無法完成工作或者認為工作壓力太大，他們就會認為領導者是一個不負責任的人。

最不喜歡使用的風格顯現出你的另一弊端

一些領導者能夠組合使用不同種而對的領導風格，但是非常不喜歡其中一種領導風格，這也會帶來不同的結果。

S1 領導風格

不喜歡使用 S1 風格的領導者有時會在需要果斷決策的地方猶豫不決，無法立刻做出決定。並且這種領導者雖然將工作任務分配給了下屬，但是他們對工作想要的結果以及希望完成工作的方式都比較模糊。

S2 領導風格

不喜歡使用 S2 風格的領導者在工作中不喜歡解決問題，所以他們在解決問題方面就顯得有些遲緩。

S3 領導風格

不喜歡 S3 風格的領導者也許會讓下屬自己去做決定，但是當他們參與到決策過程中時，習慣性的讓自己成為最終決策人。這類領導者剝奪了下屬承擔責任的機會，讓他們無法得到鍛鍊，同時也不願意給予他們過多的幫助。

S4 領導風格

不喜歡 S4 風格的領導者不喜歡將權力交給下屬，同時喜歡將所有工作都控制在自己手中。這種做法不會讓領導成為不負責任的人，但是過多的事情集中在自己手中會讓領導者自己倍感壓力。

兩種風格混合使用解析

大多數領導者的領導風格都是由兩種風格組合而成的，不同組合也代表著領導者的領導喜好各有不同，產生結果也會不同。

S1 風格 +S2 風格

一個領導者通常使用 S1 風格和 S2 風格，這就代表他是一個掌權型的領導者，喜歡將所有事情都控制在自己手中。

這樣的領導者喜歡做決定，同時他們知道怎麼樣向下屬傳達明確的工作訊息。比如工作的目的是什麼、什麼時候要完成、如何完成、為什麼要這麼做等等。

因為喜歡掌權喜歡做決定，所以這類領導者還喜歡下屬將問題告訴他，請求自己的幫助。而在這個過程中領導者還能夠掌握工作進展情況。

使用這種領導風格組合讓領導者擁有決斷的能力，還讓領導者成為決策的核心人物。當然，這要團隊意見高度一致才可以發揮作用。

這種領導風的缺點也是很明顯的。領導者過分將權力和責任集中在自己手中，沒有給下屬足夠的權力和責任，這讓他們沒有機會得到鍛鍊，沒有機會發揮自己的潛能。並且這種風格還會讓領導者事必躬親，所有事情都等著自己來做，每天忙碌的不可開交。

之所以他們不願意放權，不願意使用 S4 領導風格，這除了因為他們喜歡掌權和做決定之外，還有一個原因就是領導者不夠信任下屬，從而讓下屬失去自信。長此以往之後，即使這類領導者想要將手中的權力交給下屬，下屬反而不敢接受權力。

領導者不信任下屬的原因有很多種，最主要的原因就是領導者對 S2 領導風格的喜愛程度遠大於而 S3 領導風格。當領導者想要提供幫助的時候，直到決心去做才會去做，然而此時在下屬看來這並不是幫助自己，更像是監督自己，這更加讓下屬失去自信。

S3 風格 +S4 風格

S3 風格和 S4 風格搭配在一起就代表領導者是一個喜歡將權力和責任都交給下屬的人。這種愛好讓領導者善於培養下屬獨立思考的能力。

下屬在這樣的領導者手下工作則會充滿自信，他們喜歡接受工作的挑戰，願意全力以赴的去將事情做好。並且他們還知道當自己遇到困難時候領導者願意給予最大的支持和幫助。

這種領導風格也有自己的缺點，這個缺點就是大多數事情領導者都需要等待下屬自己去做出決策，從而弱化了自己的存在，降低自己在下屬心中的地位。

S2 風格 +S3 風格

經常使用 S2 風格和 S3 風格的領導者是一個喜歡參與工作並喜歡和下屬溝通的領導者。當有問題需要解決時，這類領導者就會參與其中，並且希望他人尋求自己的幫助，這樣自己就可以將想法告訴傳遞給他人。

這種風格搭配會讓領導者欣賞解決問題的過程，當自己需要作出決策時候，下屬會給予足夠的建議。當他人需要幫助時，領導者也會積極的提供訊息和支持。

而這種領導者的缺點則是讓自己每天都陷入會議和討論當中。可能最初領導者只是抱著旁聽的態度去參與，但是喜歡參與問題解決的過程讓領導者給予提供幫助，將原本不是自己的問題變成是自己的問題。有時領導者提供幫助的時候下屬其實並不需要幫助，這樣的「幫助」反而成為下屬工作的障礙。

不喜歡使用 S1 風格讓這類領導者不太擅長發布命令，在做出重大決策的時候也顯得有些力不從心。不喜歡使用 S4 風格則讓領導者不會放心完全讓下屬自己做決策，這非常不利於下屬的成長。

S1 風格 +S4 風格

使用 S1 風格和 S4 風格的領導者是對支持下屬、參與工作都不怎麼積極的領導者。在這些領導者眼中，責任應該劃分的非常明確，是誰的責任，誰就應該去做決定。如果責任是領導者自己的，領導者不需要從下屬那裡得到太多建議，自己就會做出決定。反之也同樣，是下屬的責任領導者也不會參與其中，讓下屬自己去做決定。

這樣的風格搭配讓決策的效率提高很多，無論是領導者還是下屬都不需要加入無休止的會議或者討論當中，都可以獨立解決，領導者也非常滿意這種狀態。

然而這種領導風格搭配讓決策的制定很容易忽略他人，因為沒有他人的參與。所以做出的決策雖然效率高，但並不一定是最優選擇。這就造成領導者的決策有可能得不到下屬的支持，而下屬們的決策也有可能得不到你的認可。

S1 風格和 S3 風格

將 S1 風格和 S3 風格搭配使用的領導者在需要自己做決策的事情上表現的非常果斷，因為他們知道自己需要什麼結果，也知道應該如何做才能得到這些結果，同時他們也會將這一切都清楚的告訴給下屬。

當然，如果這類領導者能夠將 S1 風格和 S3 風格很好的結合起來，那就會成為一個非常出色的領導者。比如運用 S1 風格去給員工下達明確的命令，然後在使用 S3 風格在他們需要幫助的時候提供幫助，但是依然讓下屬承擔責任。但是如果兩種風格沒有很好的結合的話，領導者的存在就會影響到團隊的表現。

比如一開始時領導者就錯誤的使用 S3 領導風格，從而讓自己表現的過於遷就，下屬們的工作方式就會發生變化，並且這種變化非常難以轉變。此時領導者再使用 S1 領導風格將會打亂下屬的工作節奏，讓下屬們感到非常不適應。

S2 風格和 S4 風格

使用S2風格和S4風格的領導者善於讓下屬來承擔一些重要的責任，因為領導者信任下屬，願意讓他們自己去做決策。同時如果領導者認為需要自己參與其中，就會給下屬足夠的支持，讓下屬將無法解決的問題交給你，然後為他們找出解決問題的方法。

不過缺少 S3 領導風格讓下屬認為領導者並不喜歡聽他們的意見，或者不喜歡聽取他們對情況的分析。然而實際上這類領導者並不是不願意聽取意見和分析，他們只是更願意聽取自己想要的訊息。一旦領導者得到足夠的訊息，就會立刻做出決策，然後著手開始工作。這種做法讓下屬將眾多問題都推到領導者身上，給自己帶來巨大的壓力。

而不喜歡使用 S1 風格同樣會給領導者自己增加問題。因為在給下屬安排工作的時候不夠清楚，這讓下屬早早的就來尋求領導者的幫助，這讓領導者的問題會越來越多。

混合兩種風格的主要弊端

如果你的領導風格是 S1 ＋ S2，這就會造成領導風格過於理性化，風格過硬，對人的關注程度不夠高，所以未來應該要變得更人性化，更柔軟些。

S2 ＋ S3 的風格最保險，這種風格組合領導者親力親為，什麼事都參與進去，事情一直都在自己掌控之中，領導者就會很放心，同時還能得人心。但是他們的最大弊端就是保守，沒有突破性，沒有創新性，並且還會讓領導者非常勞累。

如果 S3 ＋ S4 的領導風格，那說明你的風格偏軟，你完成不了急難險峻的任務，你對人的關注過多了，你的領導風格需要更理性化一些。如果你不理性，你就沒有全域性意識，你也不知道整體的決策到底孰輕孰重，這就是一個很麻煩的問題。

如果你是 S1 ＋ S3 的領導風格，這種領導風格就是在搞小圈子主義，叫做「順我者昌，逆我者亡」，你的團隊容易結私營黨。

如果你是 S2 ＋ S4，你這種領導方式就是大開大合，要麼不管不問，要不就猛管猛問，這種領導風格會讓下屬無所適從，同時下屬也得不到鍛鍊。

三種風格混合使用解析

S2 ＋ S3 ＋ S4 風格

如果領導者習慣使用 S2、S3 和 S4 領導風格，那麼這樣的領導者就是比較善於解決問題，同時願意培養員工，願意將權力交付給團隊成員使用的領導者。

這樣的領導者經常會讓團隊成員承擔一些重要的責任，當團隊成員需要幫助的時候，這類領導者也非常樂意傾聽成員的需求，然而提供足夠的幫助。

但是因為這類領導者不喜歡使用 S1 領導風格，所以在團隊成員看來這類領導者有時顯得有些缺乏目標，在做出決策方面則有些不夠果斷。

S1 ＋ S3 ＋ S4 風格

一個經常使用 S1、S3 和 S4 風格的領導者是善於下達命令，喜歡培養團隊成員能力和喜歡放權管理的領導者。這樣的領導者可以非常清晰的將自己的想法傳達給團隊成員，也放心讓團隊成員去承擔一些重要責任，並且在團隊成員需要幫助的時候會提供支持。

因為這類領導者不喜歡使用 S2 領導風格，所以他們很容易被團隊成員看做是不需要參考他人意見，一切事情都自己決定的領導者。

這樣的一個的領導者決定做一件事情前很少會詢問他人對事情的意見和看法，當他們需要做出判斷時會直接下決定，然後告訴團隊成員應該如何去做。如果是團隊成員進行決策，他們會放手讓團隊成員去做，需要幫助的話他們會出手相助，不過如果他人不能或者沒有辦法做出決定時候，這樣的領導者不喜歡聽從他人的意見做出決策，也不太願意將問題給他們去處理，更不願意尋求別人的幫助。

S1 ＋ S2 ＋ S4 風格

使用 S1、S2 和 S4 風格的領導者是善於指導團隊成員工作，善於解決問題和分配任務的領導者。這樣的領導者在指導團隊成員時會清晰的將自己想要的是什麼，什麼時候想要、想要獲得什麼樣的結果、如何達到這樣的結果以及為什麼需要這樣做都說的非常清楚。當然如果團隊成員有更好完成工作的方法這類領導者也願意他們去使用。

這類領導者因為不善於使用 S3 領導方式，所以當在團隊成員為了解決一個難題苦苦思考對策或者準備採取行動的時候，領導者會顯得缺乏耐心。雖然這類領導者願意團隊成員用自己認為合適的方法去解決問題，但是當他們加入問題的探討中後，很快就會試圖將主導權拿在自己手中。在這些領導者看來由 S4 轉換到 S2 的領導風格是一種非常有效的做法，而這種做法很可能會削弱團隊成員的責任感。

如果這類領導者願意多嘗試的 S3 的領導方式，多去傾聽他人的意見，這樣做會減輕很多他們的負擔。最重要的是這種做法能夠很好的激發員工的潛能，培養他們處理事情和解決問題的能力。

S1＋S2＋S3 風格

善於使用 S1、S2 和 S3 風格的領導者是喜歡指導員工、擅長解決問題和不喜歡放權給團隊成員的領導者。這類領導者可以準確的將自己的想法傳達給成員，然後讓團隊成員去按照自己傳達的想法去做。這類領導者也喜歡讓團隊成員將問題帶到自己的關注範圍中，這樣他們在做決定的時候就會考慮他人的意見。同時他們還喜歡幫助團隊成員去思考以及做出決定，並且願意提供一定的幫助。

這類領導者因為不習慣使用 S4 領導風格，所以他們不願意放權給團隊成員。雖然這類領導者願意給團隊成員分配任務，但是他們更想要和團隊成員近距離接觸，以便自己可以隨時提供支持和幫助，確保團隊成員行為的正確性。至於將決策的權力交給他人，這不是他們擅長和想要做的事情。

這樣的領導者必然是一個事必躬親的領導者。經常將 S2 和 S3 領導風格一起使用會讓團隊成員認為你比較容易的和人溝通。經常將 S1 和 S2 領導風格一起使用會讓團隊成員認為你做事非常果斷並且有明確的目標。不過團隊成員會感覺他們得不到你的信任，因為你不願意授權給他們，讓他們自己去做決定。

四中風格混合使用解析

如果一個領導者平時四種領導風格都經常使用，沒有哪一種是主導風格，那麼這類領導者在領導時會明確告訴團隊成員自己想要的是什麼，什麼時候想要、想要獲得什麼樣的結果、如何達到這樣的結果。他們也願意傾聽團隊成員在工作中遇到的問題，聽取他們的建議，及時將自己的決定告訴他們。當團隊成員有需要的時候這類領導者也會給予幫助，或者在需要的時候他們也會將權力交給團隊員工，讓他們代自己去處理一些問題。

能夠學會運用四種領導風格的領導者不會對某一種風格顯得情有獨鍾，或者對某一種風格非常抗拒。不過雖然這樣能夠比其他不會運用四種領導風格的領導者更加靈活，但更重要的是在於領導者是否能夠在合適的時機運用的合適的人身上。

3.3
領導風格的靈活運用

到目前為止，你已經了解了領導者的風格有且只有四種:S1 告知式，S2 推銷式，S3 參與式，S4 授權式。同時，你也知道了對下屬工作執行力的評估其實也可以分為四種：N1 低能力低意願，N2 低能力高意願，N3 高能力低意願，N4 高能力高意願。那麼，領導者到底該用什麼樣的風格來領導什麼樣的下屬才是有效的呢？

■ 低能力、低意願 VS. 告知式

★ N1 類型更適用高指示、低關係的告知式

低能力低意願的 N1 型，這樣的員工是很難將工作獨立做好的，對於這類型的員工在工作上就需要多指導，但是關係上少接近，高指示、低關係，所以對 N1 要使用 S1 告知式領導風格。

這種領導風格的主要特徵表現為對下屬的高度指揮，透過頻繁的指揮，向下屬傳授與任務相關的知識。他們更需要具體的指導，而不是簡單的支持。

如果你對 N1 型員工提供多指導，同時在關係上進行接近，又關心、又支持、又鼓勵、又認可的話，他會覺得自己的領導是一個非常好說話的人，他就會在工作上有和你討價還價的商量餘地。

領導者只有在一種情況下，才能夠對 S1 有關係行為，就是在進步的情況下。當 N1 工作進步之後你才能有關係行為：他工作進步一點點，你的關係行為增加一點點；他的工作進步一大截，你的關係行為可以進步一大截。你對 N1 增加了關係行為，就表明了對他的鼓勵支持和認可。對待 N1 好不好，一定只取決於他工作是否可以進步。

比如當你 N1 的下屬，此時你給他安排一件工作，因為他是低能力低意願的，所以當你問他工作有沒有問題時，他一定會找出有問題的地方。這時你就需要透過以下四個步驟去讓 N1 完成工作：

表：如何使 N1 完成工作

如何使N1完成工作	
1. 說給他聽	將工作的步驟一步步地告訴他，讓他清楚所有的工作流程、工作步驟。
2. 做給他看	人的悟性是有差異的，即使你把流程步驟都告訴他了，他也不一定能完全學會，所以說完步驟之後，還要演示給他看，讓他更明確知道工作如何去做。
3. 讓他做給你看	現在你已經將工作步驟告訴他了，你也做出演示了，接下來就是讓他演示給你看。
4. 糾錯反覆訓練	在他做的過程中注意觀察他，看他存在什麼問題然後及時指出來並糾正錯誤行為，讓他養成正確的行為習慣。

如果 N1 按時並且很好地完成了工作，這時就可以增加關係行為，以表示鼓勵、認可。如果 N1 沒有按時完成工作，就要按照規定進行懲罰。

★告知式領導還適用於什麼情況？

告知式領導方式還適用於下面幾種情況：

- 在事情緊急的情況下；
- 短時間內對中高能力的下屬使用；
- 中低能力的下屬負責一件既非常複雜又十分重要的任務；
- 組織機構發生重大變動的情況下；
- 負責任務的人員缺少相關的經驗的情況下，比如說執行人員是一位新員工。

告知式的領導方式在下面幾種情況時，常常難以奏效：

- 使用這種領導方式去領導高能力的下屬；
- 負責工作的下屬有獨立完成工作的能力；
- 過於頻繁地使用這種領導方式；
- 下屬並沒有真正理解你的意圖的情況下。

低能力、高意願 VS. 推銷式

★ N2 更適用高指示高關係的推銷式

低能力、高意願的 N2 型，這類員工有工作的熱情和積極性，但是能力比較欠缺。領導者對待這類員工就要在工作上多指導，關係上多關心，採用高指示高關係的 N2 推銷式領導風格。這種領導方式適用於中低能力的下屬。領導者對下屬進行高度指揮，同時多進行關係行為，這對下屬建立自信有著非常重要的作用。同時有了領導者的支持，下屬能夠持續保持對工作的投入。

對 N2 的關係行為包括關心他、鼓勵他、支持他、認可他甚至還要獎勵他，讓他保持自己的意願，提高自己的工作想法，向前努力。同時，要刻意的在 N2 和 N1 之間製造差異化，即兩個人雖然工作能力都比較低，但是所受到的待遇是完全不一樣的。要讓他們感覺到，N2 能力低但有工作的意願，所以領導者就會對他好。而 N1 能力低又沒有意願，所以領導就是要處罰他、制裁他，直到他做出了改變為止。

★推銷式領導還適用於什麼情況？

推銷式領導方式在下面幾種情況時，會產生很好的效果：

- 一個下屬擁有一定的能力，但是又不足以完全應對工作，並且他自己缺乏工作的動力或者沒有信心；
- 一個低能力的下屬在有人監督的情況下表現良好時；
- 下屬擁有一定的能力，但是對問題並沒有充分的了解時；
- 領導者想要透過某種方式激發起下屬對工作的熱情時；
- 當一個高能力的下屬面對一項時間緊迫同時風險很大的任務時。

推銷式領導方式在下面幾種情況時難以奏效：

- 低能力下屬認為推銷式領導方式有太多的鼓勵和商量時；
- 一個中低能力的下屬，認為推銷式領導方式中的指揮成份太多時；
- 一個高能力的下屬，認為這種領導方式指揮和支持的成份都比較多時；
- 一個中低能力的下屬認為這種領導方式對自己有幫助，但是干涉太多時。

高能力、低意願 VS. 參與式

★N3 更適用高關係、低指示的參與式

高能力、低意願的 N3 型，N3 員工的工作能力有但是缺少工作意願，領導者對他們就不需要有過多的指示行為，更多的是需要有關係行為，高關係、低指示，這就是 N3 參與式領導風格。

參與式領導方式適用於中高能力的下屬。有了領導者的大力支持，可以讓下屬有效解決缺少工作動力，缺乏工作信心的問題，從而全身心的投入工作。在參與式的領導方式下，下屬通常不需要領導指揮。

領導者在領導 N3 之前，首先要問一個問題：組織中為什麼會出現能做但不想做的員工呢？相對來說，組織中的 N3 基本是由 N4 變來的。促使 N4 變成 N3 的原因多是組織虧待了他或領導者忽視了他，讓他感到「心」受傷了，最後就變成了 N3。

領導者對 N3 的態度，將決定了他未來的變化。如果領導者足夠關心 N3，N3 還能夠變回企業最希望擁有的 N4，如果領導者沒有足夠重視他，N3 就將會變為低能力低意願的 N1，這是領導者最不願意看到的。並且 N3 變成 N1 簡單，但若想變回來就沒那麼容易了。因此，領導者要走入 N3 的內心世界去，和他談心，傾聽他的心聲，了解他的矛盾、問題和困難，輔助他解決問題，強調他的工作能力，利誘他為了自己把工作做好。總結下來，對待 N3 就是 4 個字「苦口婆心」，領導者要善於做他的思想導引，你能夠把他的意願調整回來，他的工作就能夠做好。

★參與式領導還適用於什麼情況？

參與式領導方式在下面幾種情況時會產生很好的效果：

- 當下屬擁有工作所需要的技能但缺乏信心時；
- 當下屬擁有工作所需要的技能但是缺少工作動力時；
- 當一個高能力下屬因為意見看法或者個人原因沒有努力去工作時；
- 當下屬希望自己獲得他人的認同和支持時。

參與式領導在下面幾種情況下難以奏效：

- 對一個有工作意願但是缺少工作能力的員工時；
- 當領導者頻繁的參與工作的執行時
- 當激烈或者讚揚對象籠統而不具體時。

高能力、高意願 VS. 授權式

★N4 更適用低關係、低指示的授權式

高能力、高意願的 N4 型，N4 型員工工作能力強，同時也有工作意願，因此領導者無論是在關係行為上還是指示行為上都沒必要高，低關係低指示，這就是 S4 授權式領導。

這種領導方式適用於高能力的下屬，一個高能力的下屬擁有完成工作所需要的能力，對待工作積極性十足，能夠獨立去完成工作，所以領導者就不用太過操心，可以把用於對 N4 型員工的精力更多放在 N2 和 N3 型的員工身上，這兩種員工都需要領導者投入更多的關注。

如果領導者對於 N4 下屬過於關心反而會造成相反的作用，這樣會引起 N4 的反感，感受到自己不被領導者所信任。所以對 N4 少管少問，這對 N4 是一種激勵，這樣他才會感受到領導的信任，而信任正是對 N4 最好的激勵方式。

★授權式領導還適用於什麼情況？

授權式領導方式在下面幾種情況時會產生很好的效果：

- 下屬工作主動性強、有信心、擁有完成工作處理問題的能力。
- 一個團隊擁有必要的技能以及建設團隊的能力。
- 一個中高能力的下屬完成一項風險低、時間寬裕的工作，並且由內部支持時。

授權型領導方式在下面幾種情況時難以奏效：

- 下屬工作缺少積極性或者對待工作十分冷漠時；
- 下屬沒有完成工作所需的必需技能時；
- 一個高能力下屬出現狀態下滑，積極性降低的情況時；
- 領導者對發生的事情沒有完全了解時。

★ 總結：關鍵是領導者要有判斷的能力

強調判斷員工執行力的能力是極其重要的。既然所有被領導者的能力與意願不同，領導者的判斷將最終支配你認為合適的領導風格。不管職位關係如何，最重要的是針對被領導者的執行力來應用相應的領導風格。

僅僅知道有四種領導方式可以被選擇使用是不夠的，領導者也必須知道在什麼時候來運用，對於每個特定的情境，只有一種風格是最適合的。

案例分析：

小李是一家大型家具公司的檢查部負責人。他手下一共有 30 多個人，這些人每天的工作就是將新到的產品拆箱進行檢查，然後將價格標籤貼在產品上，之後發往周圍地區的實體店鋪中。

小李認為自己在工作中是一個具有人情味的領導者，但是他的下屬並不認同這點。在一次公司的培訓中，有人建議小李在工作中進一步的使用關係行為和指示行為，這樣有可能讓他的工作變得更加高效。小李對於這個建議非常重視，因為他一直對部門的業績非常關心，而眼看著即將進入銷售旺季，提高工作效率越發顯得重要。

在小李的團隊成員當中，工作狀態呈分化的狀態。一部分成員工作能力十分強，同時工作的積極性也很好，而另一部分則對待工作顯得不怎麼用心，並且經常無法完成安排的任務。這兩種類型的代表就是小張和小劉。

小張在部門已經工作了四年，他是一個值得信賴的人，平時對待工作非常認真，並且工作效率也非常高。小李和小張的關係也不錯，小李相信即使沒有人監督小張工作，他也能很好的完成任務。

小劉的情況則和小張完全相反。他在進入這個部門還不到一年。在小李看來，小劉在休閒活動上花費了太多的時間和經歷。在部門當中，小劉總是第一個下班的人，部門規定的任務他幾乎沒有完成過。小李因此經常會找小劉談話，明確的告訴小劉他應該達到的目標和標準，小劉聽完談話之後會略微有些改變，但是一旦失去監督，一個人工作的時候，小劉就會恢復了原來的狀態。

小李在培訓學習完之後，就決定對自己的所有的團隊成員都更加的友善和開放，特別是對於像小劉這樣表現較差的人，他將會更關心和理解他們，並且之前因為想讓他們快速進步，他對這些人施加了很大的壓力，想要讓他們提高自己的工作效率。小李希望透過這種方式讓小劉這樣的人能夠逐漸成長，進入高效的工作狀態。

兩個星期之後，小李頹廢的坐在自己的辦公室裡，心情十分糟糕。因為他想要透過改變自己的領導方式來提高員工工作效率的方法徹底失敗了。不僅小劉的工作狀態沒有得到改變，反而讓其他員工（包括之前非常優秀的小張在內）工作狀態都出現了下降。此時已經進入了消費旺季，小李的上級主管也在不斷的對他施加壓力，命他立刻改變當前部門的狀況，小李有些不知所措，他想知道究竟是哪裡出問題了。

分析：

在案例中，我們先來從執行力上來確定小張和小劉分別屬於什麼類型的員工。

案例中說提到小張已經在部門工作了，並且工作的效率非常高，從這句話當中我們可以得知小張是擁有工作能力的人。同時小張的工作積極性也比較好，即使沒有人監管也能夠很好的完成工作，這說明他也有工作的意願，因此小張就屬於高能力、高意願的N4。

而小劉工作還不足一年，並且經常無法完成規定的工作，這說明小張缺乏工作的能力。而每次都是部門第一個下班的人，同時在無人監管的情況下他就無法很好的工作，這說明他工作意願比較低，因此小劉就是低能力、低意願的N1。

最初，小李對低能力、低意願的N1小劉採用告知式的領導方式，明確的告訴小劉他應該達到的目標和標準，並且給小劉這些人施加壓力，讓他們提高工作效率。但是小劉並沒有去認真工作的意願。所以小李作為領導者，僅僅要求工作結果，而不去指導以及鼓勵小劉如何去做，小劉是不可能做好工作的。

「小李在培訓學習完之後，就決定對自己的所有的團隊成員都更加的友善和開放，特別是對於向小劉這樣表現較差的人，他將會更關心和理解他們」。做出改變的小李放棄了告知式的領導方式，希望透過「參與式」的領導方式提高員工的工作效率。這樣做雖然能夠讓小劉的工作意願有所提高，但是低能力限制了小劉，因此小劉的工作依然沒有起色。

對於高能力高意願的N4小張，小李最開始採用的是授權式的領導方式，這種領導方式毫無疑問是正確的。但是在經過培訓之後，小李決定對小張也採取「參與式」的領導方式。在小張看來，「參與式」中的關心、友善更像是對自己的工作的干預、不放心，所以和小張一樣的員工在小李改變領導方式之後，業績都出現了下滑。

3.4
實踐正確的領導

沒有任何一位領導者可以憑藉自己的感覺來不斷提高自身的領導力，只有不斷去學習並按照正確的方法去實踐，才能逐漸掌握。並且，提高領導力和學習任何一項技能一樣，是不可能一蹴而就的，你必須要耐下心來，按照步驟，刻苦練習，直至融會貫通。

正確實施領導的 3 步驟

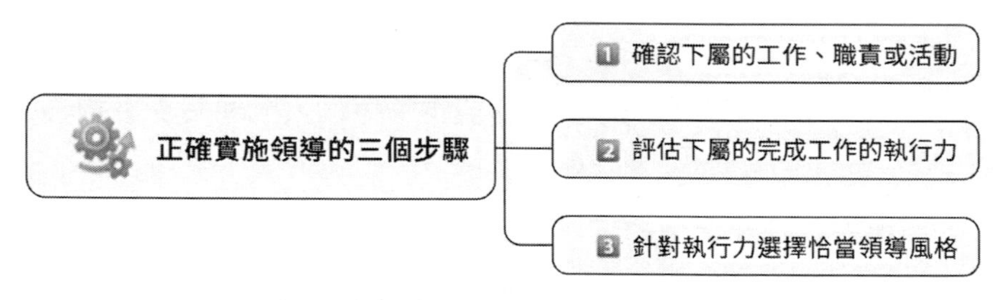

圖：正確實施領導的三個步驟

★實施正確領導的三個步驟：

第一步，確定下屬需要執行的工作、職責或活動。也就是說，下屬每次在執行工作任務之前，領導者都要對其工作先思考一個問題：「我是讓他去做什麼」，並且要依據「三個一」的要求（一個工作、一個時間、一個情境條件）做好界定準備。

第二步，評估完成該工作下屬的執行力。根據第一步「做什麼」，領導者對下屬的工作有了清晰而準確的界定範圍，於是，針對下屬當前的狀態，對其執行力進行準備評估，執行該任務的下屬到底算 N1 還是 N2，是 N3 還是 N4，對其做出清晰的評估。

第三步，針對下屬執行力的需要選擇恰當的領導風格。根據第二步對下屬執行力做出的評估，領導者根據上述的匹配原則來選擇對下屬最恰當的領導風格。

《神鬼戰士》中的領導力

案例《神鬼戰士》[012]

《神鬼戰士》是第 73 屆奧斯卡六項大獎影片，說的是古羅馬能征善戰的大將軍馬克西莫斯（Maximus）引起了皇帝兒子的不滿，如何被追殺、淪落為角鬥士並成功復仇的故事。其中，第一次格鬥的過程堪稱領導力的經典。

當馬克西莫斯和自己的團隊第一次站到了格鬥場上，首先向隊友問了一句話：「有誰在軍隊裡服役過？」用專業的領導力術語來說，他就是在判斷團隊成員的執行力。這時旁邊有一個人說「我曾經服役過」。我們就知道了，這個人有作戰的經驗和技術，並且有活下去的意願，所以這個人就是高能力、高意願的 N4。其他人都有沒有作戰經驗，這些人也同樣想活下去，這些人就是低能力、高意願的 N2。這樣我們就知道了，馬克西莫斯的團隊是由他及另外一個 N4，然後還有若干個 N2 組成的。確定了團隊成員的執行力之後，馬克西莫斯對另一個N4只說了一句話：「你

[012] 《神鬼戰士》是由夢工廠出品的動作片，由雷利史考特（Ridley Scott）執導，羅素克洛（Russell Crowe）、瓦昆·菲尼克斯（Joaquin Phoenix）、康妮尼爾森（Connie Nielsen）等主演。2000 年 5 月 1 日，該片在美國上映。2001 年該片獲得第 73 屆奧斯卡獎最佳電影獎。

可以幫到我。」表現出對其有充分的信任。

接下來，馬克西莫斯向團隊中剩下的一群 N2 們強調了格鬥的基本要求：「同心協力，團結一致。」這是強調工作的標準。這時輪到他們的對手出場了，他們的對手是來自非洲的希比歐軍團，無論從裝備還是氣勢上，都遠高與馬克西莫斯的團隊，並且他們還是職業軍團，典型的一群 N4。

一個以 N2 為主的團隊對抗一個以 N4 為主的團隊，誰能贏？這就要看團隊的領導者誰能更好的發揮團隊的作用了。在戰鬥中，馬克西莫斯的團隊一團糟，因為大部分人都從沒有打過仗，完全不知道該怎麼辦，團結一致、齊心協力全都忘記了，這時候馬克西莫斯就開始指揮所有人應該怎麼做：集合起來、蹲下、縱隊交叉排列、穩住……。

當不聽馬克西莫斯的人很快就被對方殺掉了之後，其他人就開始聽從馬克西莫斯的指揮了。當團隊成員聽從他的指揮，幹掉了敵人的一輛馬車之後，馬克西莫斯大聲喊：「做的好！」

現在我們就能夠看出，馬克西莫斯對 N2 的領導是一個典型的 S2 推銷式的領導風格。在戰鬥沒開始前，先給 N2 們強調戰鬥要同心協力，這時強調標準。戰鬥開始時候，N2 們不知道如何戰鬥，馬克西莫斯就在指揮他們，這是教方法和引導他們。當 N2 們按照他的指揮幹掉了一輛馬車之後，馬克西莫斯大喊做得好，這是對團隊第一時間的鼓勵，因為鼓勵可以提高士氣、提高意願，而意願高了能力也就能得到釋放。

關鍵時刻就是領導力時刻

當馬克西莫斯的團隊剛剛取得了一點成績之後，就有一個人沉不住氣，衝出佇列想要撿一把長矛。結果還沒有撿到就被敵人的箭射中了大腿無法動彈。眼看這個人就要被殺了，這時馬克西莫斯衝了出來，救了這個人一命。這就是關鍵時刻，也是領導力時刻。馬克西莫斯在這時展現出了別人不具備的勇氣和素養，他讓團隊看到了一個優秀的領導者。

最後，在馬克西莫斯的帶領之下，他的團隊擊敗了對手，成功地活了下來，贏得全場觀眾對他的歡呼。

馬克西莫斯為什麼最終成為領導者？

馬克西莫斯一開始也只是團隊中的普通一員，他說話沒有人聽，但是為什麼一場戰鬥下來，他成為了團隊的領導者呢？主要因為四點：

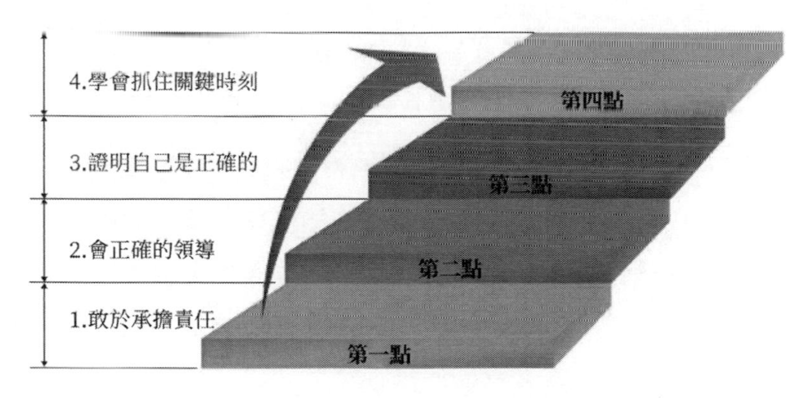

圖：馬克西莫斯成為領導者的原因

1. 勇於承擔責任

在這個團隊中，一共有兩個 N4，但是另一個 N4 我們基本都沒有看到，因為他不敢承擔責任，他的奮戰只是為了自己而戰，而馬克西莫斯是為了整個團隊而戰，他勇於帶領團隊。

我在商學院講課的時候發現一個現象，來的同樣都是老闆，有的老闆領導力就強，有的老闆領導力就弱。因為剛開始大家都不認識，都是陌生人，既然成為了一個班就需要有班長有班代，這時有的老闆就不敢或者不願意站出來承擔這一職務，他們也因此喪失了一次展現和發揮自己領導力的機會。而有的老闆就願意承擔責任，願意為大家服務，大家也就願意讓他作為班長。所以成為領導者第一要務是要勇於擔當，你願意為大家負責，你願意為團隊服務，你才有成為領導者的基礎。

2. 會正確的領導

第一條是你願不願意的問題。沒有這個願望就不能發揮作用。但第二條是你能不能的問題，光想做好但沒能力做好同樣不行。領導是門藝術，很多人的能力是展現在管理上和專業上，想領導好人還是有心無力，那也不行。而馬克西莫斯懂得「因人而異」的道理，有高超的領導藝術，才會正確的帶領大家，取得最終的勝利。

3. 有能力證明你的領導是正確的

你想做也能做，但如果別人不相信你，你依然無能為力。你必須得用事實說話，必須得讓團隊成員看到他們為什麼要信任你的依據。你不能用事實證明自己，不能讓大家看到跟著你的希望，讓團隊承認在你身上具備的領導條件，依然沒用。這時我們看到影片不聽馬克西莫斯的話隻身游離於團隊之外的人，都是很快就死了，這些人的死就證明了馬克西莫斯領導的正確性，讓團隊相信只有跟著他才有活路，隊員才會追隨他。

4. 學會抓住關鍵時刻

馬克西莫斯關鍵時刻挺身而出，救了團隊中的一個人，展現出了自己的勇氣和素養，這一行為奠定了他的領導地位，讓團隊的人都更加擁護他，願意團結在他的身邊。

實施正面約束：正面約束的 6 個要素

圖：正面約束的 6 個要素

正面約束的目的是改變下屬的表現，並使其成長，而不是痛斥或處罰。

1. 按目前的表現對待下屬
2. 及時介入
3. 適當的情緒
4. 關注績效而不是個性
5. 私下解決
6. 要明確採取的風格並作準備工作

為了讓下屬更好地成長，領導者必須給他們鍛鍊的機會。不僅要放手讓他們做，更要教練他們更深度地思考。沒有什麼比「你認為應該怎麼做？」這樣的話更有力量的了。但很多領導者試過之後倍感失望！他們發現，從下屬口中得到的答案往往過於平淡和沉悶。而這時候，正是「一般」與「優秀」上司的「分水嶺」。在面對下屬懵懂無知的時候，優秀的領導者會幫助他們把注意力集中到關鍵因素上來（比如，「你的目標到底是什麼？」或「這樣符合公司價值觀嗎？」），如果有必要，還要帶他們完整地嘗試一遍解決問題的思路過程。領導者必須認識到：幫助下屬成長最好的方法是讓他們逐漸掌握並熟悉解決問題的思路，這樣他們才會變得頭腦更清晰，行動更有效。

案例

小玲是某國際牙科品牌醫療器械的代理商，她帶領自己的團隊在A區耕耘3年，取得了銷售冠軍的紀錄。在她的團隊中，半年前剛應徵進來的某師範大學畢業生、年僅24歲的小欣深得她的青睞。

近期，小玲為遲遲打不開B區市場很是焦慮：如果1年內B區市場還是打不開局面的話，她的代理權將可能被取消。一方面，A區市場在她的掌控下如火如荼；另一方面，B區市場卻冷冷清清。她在B區當地幾次應徵了展業人員，均不理想，她很想親自去拓展市場，可又怕她離開後，A區市場將受到影響。有朋友建議，既然B區當地招不到合適的人員，她可以選拔A區團隊中信得過的人去B區展業，並提高其薪水待遇。小玲同意了這個建議，並迅速擬定小欣前往B區市場，理由是小欣雖然年輕，但責任心強、在A區的銷售業績也表現優良。

小玲給予了小欣去B區的優厚待遇，並告訴她A區和B區兩地的地區差異及展業方式的不同，還託朋友為小欣在B區當地租住了看海的公寓。

小玲知道B區市場不好開展，她也知道小欣工作開始的時候一定會遇到許多問題，感到很大壓力。為了不給小欣進一步製造壓力，小玲很少給小欣打電話，詢問市場拓展的情況。她給自己心理暗示，一定要沉住氣，不要逼小欣，憑著小欣在A區的表現，她在B區會有所建樹的。

一個月過去了，B區市場沒有任何進展；兩個月過去了，依然沒有什麼明顯改變。小玲沉不住氣了，火速趕到了B區。面對小欣展業紀錄上的一項項盲點，小玲再也抑制不住了，對小欣大發脾氣，罵她頭腦簡單不會變通，並將小欣的待遇削減了 1/3。臨走，小玲告訴小欣：「B 區市場再打不開的話，只有兩種可能：第一，小欣捲鋪蓋走人；第二，公司因此關門大吉。但她是不會允許出現第二種可能的。」

二週過後，小欣交上了辭呈。小玲心裡很是難過。她知道小欣是個工作負責、有上進心的人，但她就是想不通，為什麼這樣一個人卻遲遲打不開 B 區市場？反而因為這個「難啃的骨頭」，讓自己失去了一位「值得深度培養」的人才。

分析：

我們先來分析小欣為什麼在 A 區市場表現的非常不錯，但是當到了 B 區市場，工作就做的一塌糊塗。

在案例中，小欣是剛從學校畢業的學生，並且不是醫學院而是師範學院畢業。進入了小玲的團隊中，此時小欣有工作意願，但是因為不具備相關的知識和能力，所以是低能力、高意願的 N2，但是小玲比較器重她，因此在小玲的指導幫助下，她在 A 區市場取得了不錯的工作成績。但我們可以認為，如果沒有小玲的掌控，一個僅僅入行半年的學生是很難得到高績效的。

接下來，B 區市場讓小玲左右為難，最後聽信了朋友的一面之詞，竟然派出小欣這樣一名 N2 型的員工獨自去展業，這顯然是不合適的。我們退一步說，就算是這個工作只能派小欣去完成，小玲也應該對小欣按照 S2 的領導風格，做好對其工作的要求、進行關鍵的指導，要時時進行階段掌控並對小欣取得的進步及時進行肯定和鼓勵。而現實是，小玲將小欣獨自放到 B 區市場後，自己一不指導二不過問，完全授權給了小欣，採用了 S4 授權式領導風格，這顯然是對小欣現階段是不合適的。

其中，小玲對小欣前往 B 區的待遇給的也是有問題的。還不等員工見到業績，就先給予了看海的公寓和優厚的待遇是不合理的。領導者是應該「以人為本」，並且確實要給駐外員工更好的工作條件和待遇，但對於一個「未知數」的市場來說，領導者還是先給承諾的好，而不是先實打實地給出了回報。這樣，就等於說領導者不管未來結果如何，我都對你是這樣的。可問題是，不管未來的市場發展是好是壞，這樣都埋下了「隱患」：如果未來市場做的好，要不要再提高待遇以示獎勵？如果未來市場沒做好，卻可以享受這樣的條件和待遇合適嗎？成本又如何計算呢？A 區的員工又會怎麼看待這樣的結果呢？

後來，當小玲發現有問題時，首先想的不是怎麼去解決問題，而想的是小欣的以往成績，像鴕鳥一樣把頭埋在沙子裡，漠視問題的存在。這樣問題一拖再拖，直至小玲實在沉不住氣之後才了解小欣真實的工作情況，這時小玲開始控制不住自己的情緒，大發雷霆。而這樣的表現依然不得要領，不是對 N2 型員工有效的幫助。這個時候，最有效的辦法是小玲要在 B 區待上幾天，親自帶著小欣跑幾家醫院，讓小欣實實在在看到應該怎樣去展業，晚上再回到房間，和小欣一起復盤白天的工作，把經驗總結出來，把不理解的現象解釋到位，把小欣暴露出的問題糾正過來。透過「說給他聽，做給他看，給予糾錯，反覆演練」，直到小欣掌握要領，看到她可以用「正確的思路」開展工作，小玲才能再次放手。

最後，也是小玲壓垮小欣的「最後一根稻草」，是給她發出了「最後通牒」。小欣面對市場一籌莫展，完全沒有思路，對她來說，她心理認為：主管好不容易來了一趟 B 區，卻不教方法，不給支持，反而還「落井下石」，自己根本就無力回天，只能辭職謝罪！

如果小玲能夠在發現問題之後第一時間介入，指導小欣的工作，B 區市場沒有開發成功，小欣反而因此辭職的結果是可以避免的，因此真正要為問題負責的是小玲，不是小欣。

所以領導者要及時按照下屬目前的績效來實施領導行為，而非關注以往的績效或潛力。介入的越早效果越好。而案例中小玲卻往往對下屬的問題採取迴避像鴕鳥一樣埋頭，希望小欣能夠自己解決問題，當發現事實並非如此，又會憤怒地採取高壓政策，由 S4 直接變為 S1，讓下屬無以適從。

第四章

權力與影響力 —— 領導者的利器

4.1 領導者對權力的理解

請思考：

領導者為什麼會有權？

領導者的權力有什麼來源？

下屬為什麼會接受你的領導？

你知道他們的接受是有條件的嗎？

這些條件你能說出多少？

每每在課堂上我提出這些問題時，學員們基本都低下頭來做「沉思」或「深邃」狀，我們知道，大家平時很少去思考這些問題。並且，有的管理者會認為，既然我是管理者，我擁有權力不是天經地義的事嗎？難道還能反過來下屬比我更有權力不成？是的，如果不了解權力的來龍去脈，不知道權力的構成，你還真的不能合理駕馭好手中的權力，最起碼是不能保證權力發揮出最大價值，甚至會反過來，下屬比你還擁有更大的權力。

下面，我們就一起來分析這個讓人夢寐以求的神祕力量 —— 權力。

領導者的「權」與「力」

很多人會認為權力就是一個東西，是一個不可分拆的事物，這種觀念是不對的。「權力」一詞其實包含了「權」（authority）和「力」（power）兩個部分。「權」是職責範圍，「力」是施加作用。「權」是組織賦予你的部分，包含如：簽字權、使用權、賞罰權、同意權、否決權等；而「力」的來源不僅是組織賦予的本身，還包括：專業能力、人格魅力、關係背景、威逼利誘等。我們平時所說的權力，其實更多的僅僅是指「權」的部分，而少思考和涉及「力」的部分。雖然人們都渴望獲得「權」，但真正能成事的卻是「力」。比如，你手中握有「生殺大權」，但卻無力行使，因為對手是「皇親國戚」；工會領袖雖「權」有限，但卻有使眾人行的「力」。所以，無論領導者身處哪個層級，都要既看重「權」，又著重修練自身的「力」！

同時，「權」是表象的，其直接表現形式就是「職務」和「頭銜」等這樣的有形物；而「力」是內在的，是無形的，人們只能去感受它卻無法直接把它拿出來，安插到某位領導者的身上。而沒有領導經驗的人通常會高估職務和頭銜的重要性，他們一個重要的失誤就是認為：如果我身居高位，如果我得到了某個職務，就會有人追隨我。其實，組織可以授予你職位，卻無法授予你領導力；組織可以給你頭銜，但給不了你影響力。而真正能獲得追隨者的是領導力和影響力。

領導者的個人權力與職位權力

在組織中，權力一般可以劃分為兩大類：一類是職位權力，一類是個人權力。

職位權力：

在組織中，領導者承擔一個既定的角色，這個角色讓他能夠在需要的時候對組織成員進行獎勵或是處罰，以此來影響下屬的行為，這種權力我們稱之為職位權力。

領導者在什麼樣的職位上就會擁有什麼樣的權力，相對來說，職位權力的大小和範圍是和職位的高低相關的。但領導者也要注意：權力重要的不是擁有而在於運用。擁有多少權力並不重要，重要的是下屬知道領導者願不願意使用他的權力，或者使用多少權力。一個不愛使用、不會使用權力的領導者，擁有多少權力也沒有意義。比如，培訓中我都會問學員們一個有趣的問題：「如果你想在培訓中請假，假設主管團隊裡的任何一位都有權力准假或不准假，你會去找哪一位？」我想，在你的直屬上司出差不在的前提下，你一定會去找那個「好說話」的上級主管。這裡面的玄妙就是，「好說話」的領導者不愛動用否決權，不喜歡得罪人。再如，2008 年美國金融危機之後拍的奧斯卡提名影片《型男飛行日誌》，說的就是美國當時的企業現狀：一些企業為了應對危機要被迫裁員，而很多老闆不會或不敢裁員，導致職業裁員專家萊恩（Ryan Bingham，喬治克隆尼所飾演）的生意風生水起。這裡我們同樣可見一斑，美國的老闆是有權力裁員的，並且當時的形勢裁員也是必要的，但很多手中握著裁員這柄「利劍」的領導者卻就是下不去手，乃至不得不聘請職業「劊子手」來代替自己完成權力的使用。

領導者要明白，我們不僅要讓下屬知道我們手中有權力，還要讓下屬明白，當他們表現不佳時，我們不僅能而且也會去懲罰他們，運用權力是一個不可迴避的現實。

個人權力：

領導者從他人那裡獲得了尊敬和信任，這種能力能夠讓團隊激發凝聚力和動力，對他人的行為造成影響，這種權力是非職務的權力，我們稱之為個人權力。

領導者的個人權力不是因為承擔了一個既定角色產生的，而是來自於被領導者。我們常說的領袖氣質就是指個人權力，並且，領導者其實自己並沒有領袖氣質，它不是與生俱來，而是從被領導者那裡爭取來的，是被領導者賦予了領導者領袖氣質。並且，個人權力的建立就像投資，你必須勇於冒險並堅持投資。隨著時間的推演，你的個人權力將大大增加。

★職位權力與個人權力的比較與運用

1. 職位權力和個人權力之間沒有關聯性。

職位權力的大小和領導者本身的能力高低、魅力與否沒什麼關係，個人權力的大小也和其本人是否擁有一定的職位也沒有什麼關係。同時，職位權力和個人權力之間也沒有必然關係。

2. 職位權力和個人權力互成反比。

如圖所示：從左往右，是領導者動用職位權力的力度（頻率）越來越大，從下往上，是領導者動用個人權力的力度（頻率）越來越大，中間的斜線就是兩者的關係。也就是說，當領導者動用職位權力的時候，其個人權力的影響將會直線下降；反之，當領導者動用個人權力的時候，其職位權力的影響同樣也會直線下降，這就是反比關係。職位權力和個人權力的關係很像我們的古話：魚與熊掌不可兼得。

職位權力和個人權力六方面對比。

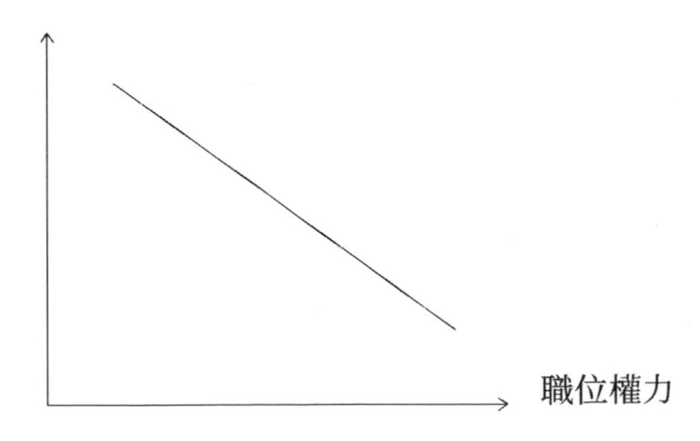

表：個人權力和職位權力的對比

項目	職位權力	個人權力
來源	法定職責，由組織規定	完全依靠個人的素質、品德、業績和魅力
範圍	受時空限制，受權限限制	不受時空限制，可以超越權限，甚至可以超越組織原則
大小	確定的，不因人而異	不確定，因人而異
方式	以行政命令方式實現，是一種外在的作用	自覺接受，是一種內在影響
效果	服從、敬畏，也可以調職、離職等方式逃避	追隨，依賴，愛戴
性質	強制性地影響	自然地影響

透過職位權力和個人權力的比較，你認為那種權力更好呢？在我培訓中，現場學員們往往是一邊倒的答案 —— 個人權力。其實，正確答案應該是：看情況。我們說，職位權力和個人權力各有各的優點，各有各的缺點。這兩個權力間沒有哪個更好，而只有合理的運用。請記住，不管是職位權力還是個人權力，都是領導者開展工作的重要保證，我們必須建立起自己穩固的權力基礎，沒有這個基礎，我們就沒有影響力，更不可能進行有效的領導和管理。

義大利政治學家馬基維利（Niccolò Machiavelli）[013] 向王子提出過這麼一個問題：作為一個領袖，到底應該讓民眾懼怕還是愛戴呢？答案是兩者最好兼而有之。如果領導者讓員工只愛而不怕，那他們就有可能做出出格的事情來。而如果領導者讓員工只怕不愛，那最後的結果必然是被員工所推翻。所謂的讓員工又愛又怕，其實就是指領導者需要「恩威並施」，職位權力和個人權力該用什麼的時候就要放開了去用。

[013] 尼可羅·馬基亞維利（西元 1469 年至西元 1527 年），義大利政治思想家和歷史學家，出生於佛羅倫斯

★如何運用好手中的權力

1. 根據員工執行力運用好你的權力。

根據第二章中對員工執行力進行的 N1 至 N4 的分類，結合權力的運用來看，職位權力和個人權力在運用上是有側重的。職位權力主要適用於 N1 和 N2 這兩種能力有欠缺的員工，個人權力則適用於 N3 和 N4 這兩類有能力的員工。

對於 N1 和 N2，領導者可以直接動用職位權力給他們指示，但對於 N3 和 N4 這兩類有能力的員工，領導者顯然要講究藝術性一些。因為，權力不可以和能力對抗。現實當中，我們往往會發現，有五大類有能力的員工，非但不懼怕權力，有時候領導者甚至還會為他們讓步。這五大類員工是：

第一類，掌握關鍵技能的員工。這類員工在組織中掌握著一種關鍵技能，這種技能對組織非常重要，或者一時半會在組織中難以被替代。醫生、高級技師、研發者等都屬於這一類。

第二類，掌握關鍵資源的員工。這類員工掌握著組織生產經營中關鍵資源或生產要素，組織的生產經營活動必須藉助這種資源才能有效開展。

第三類，掌握關鍵資訊的員工。這類員工往往處於組織工作的中樞關節，造成對上下左右的關聯作用；還有就是，有一類員工因為自身工作特性，掌握著一些組織祕密。

第四類，業績占重要比重的員工。這類員工有著出色的業績，一旦他不做了，組織整體的業績將大打折扣。很多銷售型組織往往就有這樣的員工，他們掌握著關鍵通路或大客戶。

第五類，在組織中擁有穩固人脈的員工。這類員工在組織裡擁有良好的人際關係和深厚的人脈，他可能僅僅是一名普通的員工，但如果他要想做起事情來，卻可以號召並團結起組織裡的不少人，他們其實就是「民意領袖」。

上述五類人，領導者手中的權力非但不能讓他們低頭，弄不好還會讓領導者自身難堪。所以，對待這樣的人，領導者務必收起你的職位權力，小心運用你的個人權力。要知道，運用職位權力並不會讓人產生對領導者的認同感。

2. 勇於授權的人不依賴職位權力。

現實中，很多領導者不甘不願去授權，刨除諸多環境制約、工作條件等客觀不談，單獨從領導者自身角度來說，不願授權的領導者缺乏一個「信」字。信字的解讀可以分為兩個方面：不相信和不自信

不相信。很多不授權的領導者是不相信其實下屬可以像他把工作做的一樣好，甚至還會超越他。他們誤認為自己身居領導者職位能力就應該比下屬強，他們甚至認為如果做不過下屬自己是丟人的。就像「戰神」項羽和「兵神」韓信的關係，韓信以前是項羽帳前兩百執戟郎中之一，項羽每天進出大帳都能見到韓信執戟而立，但他從來沒有想到，就是自己手下這個正眼都不會瞧上一眼的韓信，就是未來可以打敗自己的「兵神」。

不自信。授權的領導者能對下屬授出的只有職位權力，不可能是個人權力。個人權力只能依附在領導者自身，伴隨領導者不變。而不勇於授權的領導者正是因為自身缺乏個人權力，才會導致不敢授權。因為這樣的領導者其地位和在組織中的影響力只來源於職位權力，一旦把這個授出去，他們在組織中就泯然眾人矣。所以，越是沒有個人權力的領導者，在組織中越不自信，而因為不自信越是需要牢牢抓住職位權力不放，因此無法授權。

3. 當能力不足時，領導者要慎用職位權力。

權力在現實的運用中往往存在一個悖論：領導者越是能力不足的時候，就越是愛用職位權力。其實，這正好產生了相反的效果。這樣只會讓員工口服心不服。領導者要明白：你需要得到員工的信賴，這就是你的領導力所在。沒有信賴就不存在影響。

4. 不同階段領導者運用權力的要點。

權力問題的核心就是權力基礎的建立、保持以及最終的讓渡。

領導者在職業生涯初期往往並沒有掌握多少權力資源，而通常僅僅是掌握了一些領導技能罷了。而要想在初始階段就建立好權力基礎，領導者就必須要累積大量的組織及工作訊息，建立廣泛的對內對外的合作關係，不斷提高個人的能力，設法掌握並控制組織內的重要資源，並逐步承擔一些關鍵性的工作。只有在這些方面都注意到並能夠做的好的領導者，才能成為有影響力的領導者。

如果領導者能夠在職業生涯初期就打下牢固的權力基礎，在後面的工作中就能夠發揮巨大的作用。這個時候，我們對領導者的要求就是「善用而不濫用」權力。權力是一把「雙刃劍」，用好了可以為領導者披荊斬棘，用不好又會傷人傷己。所以，領導者的道德水準和格局境界，都是善用權力的基本保證。

到了領導者職業生涯的晚期，需要尋找繼任者，並要將自己的工作移交給年輕人。然而，在擁有了 10 至 30 年大權在握、呼風喚雨的經歷後，相當一部分的領導者是很難放棄權力的。這個無論是從現實層面還是領導者個人的心理層面都非常好理解，權力就像是領導者身體的一部分，工作則像自己的孩子，誰也不願意一刀兩斷般地將其交出。尤其是風格強硬和以職位權力為主的領導者更是難以割捨。所以，能不能順利完成權力的交接，不僅僅是領導者覺悟的問題，也是需要組織提前合理安排的。君不見，很多大型集團公司早早就確立了「輪值 CEO」制度，就是透過一定週期的考察培養，幫助接班人順利交接。

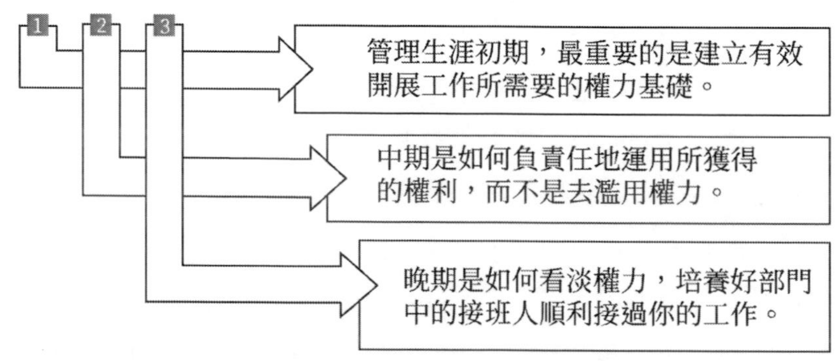

圖：職位權力在領導者不同時期的要點

立威造勢的 7 個祕訣

領導是一種影響力，但是領導的前提首先要有權威：服從因權威而出，權威因威信而立，威信是領導者透過自身贏得的，而不是被組織賦予的。

1. 有距離才有威嚴。

領導者要和下屬走的近，但又不能太近。領導者和下屬的距離就好像冬天取暖的刺蝟一樣：要掌握好距離，太遠太近都不是明智領導者的選擇。

2.「公事以外」才是朋友。

在這方面我們可以學習的對象是日本人，日本人的企業中具有森嚴的上下級制度，所有層級必須各司其職、各就各位，領導者和下屬之間的階級差距非常明顯，領導者的權威也是非常大的。而下班之後，領導者和下屬可以是朋友。我們常常推行人性化管理，但是現實中很多領導者實行的卻是人情化管理。

3. 善於控制自己的情緒。

領導者一定要清楚自己的身分地位，知道自己身上的責任和義務。一個喜怒形於色的領導者往往會失去下屬對你的尊敬，誰願意跟隨一個情緒化嚴重的領導者呢？一個太愛發脾氣的領導者要麼讓下屬習以為常，要麼令下屬恐懼而欺上媚下。如果下屬把你的發脾氣，當做是你為了彰顯自己的定位和刷存在感的需要，沒什麼指導性意義，他們就不會再把你的脾氣當回事。有時，你越是暴跳如雷，下屬就越不當回事情，但是你韜光養晦不露聲色，靜靜給予壓力，反而會讓下屬敬畏。

4. 罰立威，獎取信。

領導者透過處罰來立威，透過恰當獎勵來取信。領導者只有做到賞罰分明，明鏡高懸，才能使上下貫徹領導者的意志。

5. 許諾必須兌現。

領導者非常容易犯的一個錯誤就是說大話，說出去的話不兌現就成了「畫大餅」，沒有人能「畫大餅」長久，能「畫大餅」的人也不可能長久。如果你的承諾不能兌現，下屬對你就會產生質疑，同時對工作產生牴觸情緒。

6. 要下屬懂得無條件服從。

關鍵是要建立領導者自身的權威意識，也要向下屬灌輸：下屬必須無條件服從領導者。在平時就要建立起自己的權威。如果你日常不注重建立自己的權威，允許下屬隨意挑戰你的權威、反駁你的意見，到了關鍵時刻你會發現權威已經喪失。而且，越是要條件的下屬越不能給，一旦滿足了要條件的下屬，下次他還會要；並且，組織其他人也會向其學習。

7. 非原則性問題不隨意道歉。

作為領導者，如果我們犯了原則性的錯誤，必須道歉！但是平時小來小去的錯誤或是模稜兩可的問題，注意不要隨意做出道歉。一些領導者認為這樣的道歉會表現出自己的風度，以及讓員工感到信賴。其實不然，一個隨意道歉的領導者只會讓下屬覺得你軟弱，並且，面對一個經常道歉的領導者，下屬會認為：跟隨這樣的上司不可能有更好地發展，因為他自己的錯誤實在是太多了。

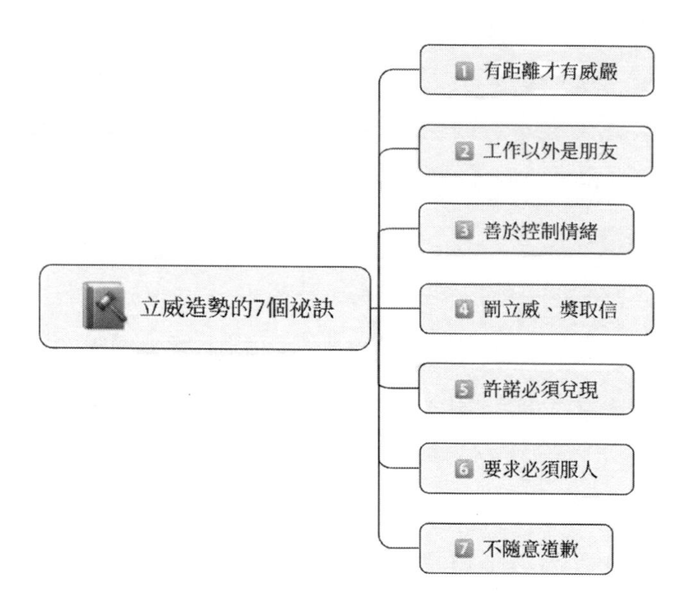

圖：立威造勢的 7 個祕訣

4.2
塑造有效的影響力

領導者的七大影響力

每個人都離不開交往，而任何人之間的交往其實都可以看作是意志力之間的較量，要麼是你影響了我，要麼就是我影響了你，總會有一方影響到另一方。所以，想要成為優秀的領導者就一定要學會去影響別人，而不被別人所輕易影響。

組織行為學大師保羅·赫塞將組織中領導者具備的影響力分成了 7 個類型：

圖：影響力的 7 個類型

第一類：專業影響力。

你想要帶領團隊，那麼你的專業能力必須在團隊裡是高水準的。如果一個普通的問題你都無法解決，那麼你又如何帶領團隊呢？

全球排名第一的管理諮商大師拉姆·查蘭（Ram Charan）在其被譽為「領導力開發聖經」的《領導梯隊》（*The Leadership Pipeline: How to Build the Leadership Powered Company*）一書中，清晰地給人們展示了領導力發展的六個階段。第一階段：從管理自我到管理他人；第二階段：從管理他人到管理經理人員；第三階段：從管理經理人員到管理職能部門；第四階段：從管理職能部門到事業部總經理；第五階段：從事業部總經理到集團高階經理人；第六階段：從集團高階經理人到執行長。在這六個階段過程中，從第三個階段開始，領導者開始逐漸減少參與到具體業務之中，而需要從事更多的全域性思考和組織經營活動。也就是說，只有至少達到中階主管級別以上的領導者，才可以慢慢減少專業領域裡的精力投入，更多從事經營活動。在這之前，領導者的專業影響力都十分必要。並且，即便貴為集團 CEO，如果依然擁有專業影響力豈不更好。Facebook 的董事長馬克祖克柏把寫程式碼列為了自己 2017 年的年度計畫，由此可見，一個領導者對自身專業的要求。

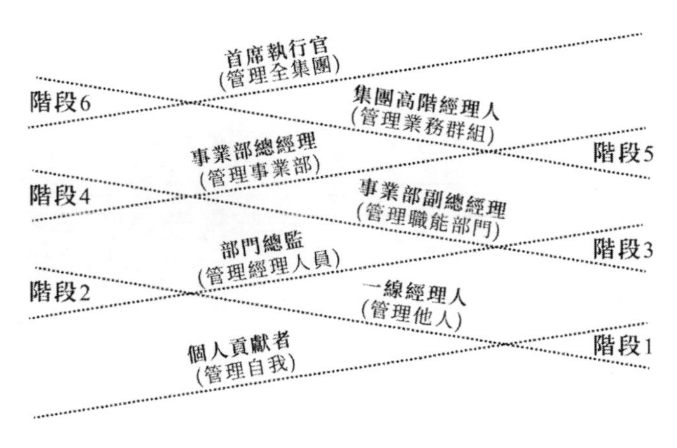

第二類：訊息影響力。

如果你經常能夠提供給員工他們需要的、準確的、全面的訊息，你在團隊裡就會很有影響。需要、準確和全面是訊息的三個要點，在這裡面需要是最重要的。如果領導者提供的訊息不是別人所需要的，那麼，即使這個訊息再準確、再全面，對別人來說也毫無意義，甚至會成為負擔。

比如你和足球愛好者聊天時，你會說 XX 球隊最近情況怎麼樣，在 XX 杯上奪冠可能性有多大，下賽季 XX 會轉會。你和健身愛好者聊天時你會說背部肌肉應該如何練習，手臂肌肉應該如何練習，整體塑形應該如何去做。但是如果你弄反了，向足球愛好者說如何練肌肉，如何塑形，向健身愛好者說哪個球員要轉會，哪個球隊會奪冠，那就毫無意義甚至引發對方的反感。

另外，如果領導者經常在團隊裡表現出能夠獲得一些非正式管道訊息，哪怕是些小道消息，別人也會將你看成是一個「有能量」的人。道理很簡單，即便是小道消息也代表你在組織中是有管道和影響力的。

第三類：指示影響力。

這是一種對他人有指導和示範的影響。這種影響力是基於這樣一種需求：影響者是你同類型人中的佼佼者，你渴望成為影響者的樣子。比如，你喜歡踢足球，你踢的位置是前鋒，你喜歡「過人」的快感和風一樣的速度，於是，你會不可抑制地喜歡 C 羅。這是因為 C 羅是世界最頂尖的前鋒，他花俏的「踩單車」過人讓你眼花撩亂、嘆為觀止，你也渴望有一天可以踢出像他一樣的球技。於是，你的家裡到處貼滿了 C 羅的海報，你學著留起了 C 羅的髮型，用 C 羅代言的洗髮精，你像 C 羅一樣的說話和耍個性……總之，C 羅對你有足夠的影響，而這種影響力這就是指示影響力。

現實中，名人代言就是指示影響力的一種展現。我們喜歡某個名人，而這個名人為某品牌代言，於是，愛屋及烏，我們對這個品牌的產品產生了好感和信任。但是，指示影響力只能影響同類型人，如果你和影響者並不同類或對其並不「感冒」，這種影響力就不復存在。比如，我服務過的一家國外製藥公司，原先請 A 為其胃藥做代言，效果並不理想，後來換成了 B 代言，銷量大增。這並不能表明 A 沒有 B 的影響力大，而是其中指示影響力的奧妙。道理是這樣的：A 的影響力一般來說會輻射到「草根」階層的領域範疇，B 的影響力一般會輻射到講究一定生活品味和品質的中產階層，這是他們兩人的指示影響力的不同範疇。而能夠關注自己的胃好不好，並引起重視會買胃藥的客群，請想一想，屬於草根階層範疇呢，還是講究生活品質的中產階層呢？明白這個道理，你就自然知道代言效果的差別為何了。同樣，B 的影響力也不是「萬金油」。換到給低階品牌汽車代言的時候，就打了折扣。當年，某低階品牌汽車為打進家用轎車領域，全力推出了一款旗艦級別的轎車，並前後與 B 連繫了半年之久，請其出山代言。於是，後來我們看到了廣告中 B 以一慣的自我超凡，隱逸大氣，中庸儒雅的風範，配合廣告語，「完美詮釋」了這款「明星」旗艦產品。但深諳指示影響力的人會知道，該品牌屬於國產低階轎車，以草根階層適合的形象代言人才更貼近購車客群。

第四類：職權影響力。

凡是領導者的職位和職務能為其帶來的影響，都是職權影響力。比如，領導者可以安排下屬是否喜歡的工作，分配下屬是否擅長的任務，對下屬進行調職、考核、分配資源和生產工具等等，這些組織所賦予領導者的職位權力，都會對下屬產生重要的影響。職權影響力是領導者現實中非常明顯的一種影響力，是領導者獲得權威的直接基礎。所謂的

「威」，就是影響力，而權威就是指領導者因為手中的權力而獲得在組織中的影響力。因為有職權影響力的存在，領導者即使不用展示任何的素養和能力，也可以做到「不怒自威」。當年，曹操「挾天子以令諸侯」，之所以可以「令諸侯」，憑藉的便是漢獻帝的「天子」職位，即便漢獻帝已經有名無實。另外，領導者一旦過度沉溺於職權之中，其能力和素養都將逐漸萎縮。同時，領導者因為手中有職權影響力，甚至可以超越組織原則或脅迫下屬做出不當行為，這些都需要領導者三思，並在行使過程中慎之又慎！

第五類：獎勵影響力。

員工工作做好了，領導者要善於去獎勵他，因為員工對渴望獎勵所產生的影響就是獎勵影響力。那麼，在現實中，領導者對下屬都有哪些獎勵類別呢？

我們常常認為現實中的獎勵有兩大類別：一類是物質獎勵，包括獎金、獎品、補助、休假旅遊等。總之，一切可以用錢來換算和衡量的獎勵，都歸屬於物質獎勵。另一類是精神獎勵，包括嘉獎、鼓勵、評價、認可等。總之，不是用錢或物質來換算和衡量，並能激發人的精神力量的獎勵都屬於這一類。這兩類獎勵可謂盡人皆知。但是不是除了這兩類獎勵，領導者就再沒有別的獎勵類別了呢？不是的，而是還有至少四大類別的獎勵。分別是晉升獎勵、成長獎勵和彈性需求獎勵和個人資源獎勵。

晉升獎勵

晉升獎勵不僅僅是指領導者提拔起了一位下屬，還包括舉薦下屬，分權給下屬或分責等等。再者，組織裡的晉升管道不應該只限於職務晉升，多種晉升管道會避免組織裡出現「千軍萬馬過獨木橋」的現象，同時避免「彼得定律」(在一個等級制度中，每個職工趨向於上升到他所不能勝任的地位)。那麼，有哪些晉升的方式呢？我這裡再提供三種：業績等級晉升、技術等級晉升和薪酬等級晉升。

業績等級晉升的典型展現就是律師。剛從法學院畢業的年輕律師進入律師事務所，只能從低階職員做起。做得好四五年後會成為職員繼而達到高級職員。再做出業績，能支撐起事務所的重要業務，可能會成為合夥人，然後再到高級合夥人。在其不斷晉升的過程中，工作內容不會發生本質性的改變，但身分的確是晉升了。技術等級晉升就更常見了，比如棋手、醫生、廚師、教授、技師等等，在這些工作領域內都需要漫長的摸索和累積，並且，專業人員認可的不是行政職務，而是在專業領域內能達到的級別，這是專業領域裡你能獲得他人尊重的重要指標。薪酬等級晉升的目的是讓能在職位上創造巨大價值的員工繼續安心於他的職位，而不是整體想著如何走上權力的道路，並且，讓這些職位上的「菁英」繼續留在職位上，也是給其他同職位的員工形成了積極的影響和示範。這樣的員工就讓他們在自己的職位上當「明星」即可，透過給予更高的薪酬待遇，讓他們感受到組織對他們的認可和尊重。比如，優秀的銷售員可以拿到比銷售經理還高的報酬，優秀的教師可以領比學校中層管理者還高的職位津貼等。

成長獎勵

成長獎勵是時下員工非常關注的一種獎勵，甚至在許多應徵者嘴裡，當問完了招募單位工作條件、薪酬等指標之後，首先提到的就是「能給予我哪些培訓」？人們不僅渴望獲得現在的職位，更想透過企業給予的培訓增長才幹，未來可以獲得更滿意的職位；人們不僅關心我要為企業付出什麼，更關心企業還能為我的成長給予什麼。並且，人們都是不拒絕成長的，尤其對中青年員工來說，他們渴望透過組織的給予，讓自己能更好地成長和成熟起來。成長獎勵包括培訓、外出參觀、學習深造、做好職業規劃、成立「讀書會」，甚至哪怕僅僅是領導者用業餘時間與員工交流思想，幫助他們釐清工作中或生活上的問題，都會讓員工受益，這些都是成長獎勵。總之，領導者只要能夠透過各種方式讓下屬不斷得到成熟成長，這對下屬來說都是成長獎勵。

彈性需求獎勵

每個人的需求都是不一樣的，並且，哪怕是同一個人在不同的階段，需求也會發生改變。設定「獎勵超市」，讓員工可以在領導者設定的獎勵範圍內進行自由的選擇，滿足自身的實際需求，對員工來說就是最好的獎勵。比如，每年學測口。如果下屬家裡有孩子是參加考試的，當這個關鍵時刻來臨的時候，他這幾天一定是心神不寧的。領導者與其給予重金獎勵下屬安心工作，不如給他調休或直接放假讓其陪伴孩子考試，這對下屬來說才是最好的獎勵，這就屬於彈性需求獎勵。

個人資源獎勵

作為一名上司或領導者，相對來說手裡掌握的資源要多於下屬，你能解決的問題就會比手下要大一些。有些在下屬眼中很棘手的事，到你手上可能就很容易解決。當你動用你手中的個人資源，去幫助下屬解決對他而言的難題的時候，就是對其的個人資源獎勵。比如，下屬借錢應急，領導者給予了幫助；下屬的父母看病，領導者幫忙找到了醫院裡難請的專家；下屬的子女入學、工作、結婚等領導者給予了幫助……領導者對下屬生活上的關心和幫助，會換來員工在工作上對領導者的支持和回報。

第六類：強制影響力。

強制影響力和獎勵影響力正好相反。獎勵影響力是員工把工作做好領導者要給予怎樣的獎勵，而強制影響力是員工做不好領導者要怎樣去對待。並且，在一些「急難險重」的情境下，領導者是需要對達成目標採取一定的強制措施。可以說，領導者不會合理的進行強制，以及掌握強制手段，是不能確保順利達成預期的。

這裡要說明的，強制影響力並不一定要由領導者親自實施，借力打力、借勢行事更見智慧。《三國演義》第一百〇三回「上方谷司馬受困，五丈原諸葛禳星」就描述了司馬懿借勢強制手下的橋段很是巧妙。

卻說魏將皆知孔明以巾幗女衣辱司馬懿，懿受之不戰。眾將盡忿，入帳告曰：「我等皆大國名將，安忍受蜀人如此之辱？即請出戰，以決雌雄。」懿曰：「吾非不敢出戰，而甘心受辱也；奈天子明詔，令堅守無動。今若輕出，有違君命矣。」眾將俱忿怒不平。懿曰：「汝等既要出戰，待我奏准天子，同力赴敵，何如？」眾將允諾。懿乃寫表遣使，直至合淝軍前，奏聞魏主曹叡。叡拆表覽之。表略曰：

臣才薄任重，伏蒙明旨，令臣堅守不戰，以待蜀人之自斃；奈今諸葛亮遺臣以巾幗，待臣如婦人，恥辱至甚。臣謹先達聖聰：旦夕將效死一戰，以報朝廷之恩，以雪三軍之恥。臣不勝激切之至！

叡覽訖，乃謂多官曰：「司馬懿堅守不出，今何故又上表求戰？」衛尉辛毗曰：「司馬懿本無戰心，必因諸葛亮恥辱，眾將忿怒之故，特上此表，欲更乞明旨，以遏諸將之心耳。」叡然其言，即令辛毗持節至渭北寨傳諭，令勿出戰。司馬懿接詔入帳，辛毗宣諭曰：「如再有敢言出戰者，即以違旨論。」眾將只得奉詔。懿暗謂辛毗曰：「公真知我心也。」於是令軍中傳說：魏主命辛毗持節，傳諭司馬懿勿得出戰。蜀將聞知此事，報與孔明。孔明笑曰：「此乃司馬懿安三軍之法也。」姜維曰：「丞相何以知之？」孔明曰：「彼本無戰心；所以請戰者，以示武於眾耳。豈不聞：『將在外，君命有所不受』？安有千里而請戰者乎？此乃司馬懿因將士忿怒，故借曹叡之意，以制眾人。今又播傳此言，欲懈我軍心也。」

這一段說的是諸葛亮六出祁山，對手司馬懿始終堅守不戰，致使諸葛亮出「損招」派使者送去司馬懿一套女人衣服。司馬懿本來無事，卻無奈手下眾將不服，非得出戰，這樣就破壞了司馬懿的整體策略。而此時，如果司馬懿再強制下屬聽令只能適得其反，危及自身利益。於是，狡猾的司馬懿假託堅守不出的策略是魏王曹叡所訂，非己所願，並上書請戰。衛尉辛毗洞悉司馬懿本意，攜魏王不得言戰的詔書來協助司馬懿平忿。司馬懿這招耍的巧妙，不僅給自己解了圍，還沒有樹敵，並給諸葛亮還以顏色，以至於諸葛亮感嘆「以制眾人，懈我軍心。」

第七類：關係影響力。

職場中有一句充滿玄妙的話：「有關係就沒關係，沒關係就有關係。」聽到這句話，想必職場「老司機」們會心一笑，多麼簡單卻又意味深長的一句話啊，道出了人際關係在職場中的重要性，而這種妙不可言的感受只可意會不可言傳，只是不知道以邏輯思維見長的老外要如何翻譯這句話，聽到又是否能夠理解其中的奧妙。

只要在職場裡待上一段時間，人際關係對工作成敗的重要性便人盡皆知。領導者在組織中的關係網絡越廣泛、越深厚，其在組織中的影響力就越強大。因此，領導者務必要在盡可能多的下屬中建立盡可能高的影響力，不僅要在自己的直接下屬，也要在其他下屬中學會花時間去建立關係。尤其是一些關鍵職位上的員工，不要計較他們的職位是高的還是低的，都要投入必要的時間、資源和精力，建立起自己足夠的聲望和影響力。

案例：判斷小剛的影響力

小剛是一位工程部技術專家。資料顯示，在某著名品牌連鎖酒店的工程部中，小剛是最有經驗和工作效率最高的成員。他對酒店裝置故障及問題點的準確掌握和及時修復的能力，使得所在酒店的工程裝置品質始終保持優良。小剛被集團委任，在青島酒店新建的二期工程部中擔當負責人。他為得到這個機會而感到激動，並更加熱衷於學習更多的技術業務知識。

從集團在各地區酒店工程部中借調出來的主管們被安排在酒店二期工程部中，以幫助二期順利啟動。小剛的職責包括擔任工程部管理和教練新員工的角色。同時，還要負責對集團借調的主管在借調期中的表現，進行每月的業績評估。儘管在這次任命前小剛從沒有擔任過正式的團隊領導角色，但他很期待這個工作。

現在請分析小剛所面臨的情況會如何：

1. 小剛面對新工作是N幾？
2. 他是否充分做好了迎接新工作的準備？
3. 小剛將要面對的團隊成員是N幾？
4. 小剛具備什麼影響力？
5. 他的影響力是否可以影響到他未來的團隊成員？

技術型的管理者必須要能夠熟練處理工作中複雜的相互依賴的關係，並且要當做一項重要的工作內容來對待，專業能力強是必要的，但只有這一點顯然遠遠不夠。

1. 案例中小剛是一位優秀的工程部技術專家，他所在的酒店工程裝置品質始終保持優良，現在集團安排他去新建酒店工程部當負責人，面對這份工作，小剛有工作需要的技能，但是他之前沒有擔任過團隊領導的角色，他沒有工作的經驗，因此判斷，小剛不具備新工作所需要的能力。當知道集團給自己這個機會之後，小剛十分感動，並且更加熱衷於學習相關知識，同時他也很期待這份工作，因此判斷小剛面對新工作有相當高的意願。低能力高意願，綜合判斷下來，小剛就是 N2。

2. 小剛新接收的工作是工程部的負責人，他的職責包括管理、教練新員工和業績評估。這些內容都是他以前沒有接觸過的，所以，他的首要任務不是學習更多的技術業務，而是學習管理和帶領團隊。小剛沒有從角色上和認知上完成轉變，所以，他沒有做好新工作前的準備。
3. 小剛的下屬都是從其他地方借調來的主管，大家是來幫助二期順利啟動的，因此，他所面對的下屬都是 N4。
4. 雖然這些下屬都是來自各地的「菁英」，但是小剛原來所在的酒店工程裝置始終保持優良，並被集團委以工程部負責人重任，這說明小剛同時具備專業影響力和職權影響力。

員工執行力和影響力的匹配

員工的工作執行力不僅和領導風格是要匹配運用的，和領導者的影響力也是要匹配運用的。工作執行力、領導風格和影響力三者之間的關係就像是「鼎」。鼎有三足，三足形成三角關係，是自然界中最穩定的結構。也就是說，領導者只要把執行力、領導風格以及影響力三者的關係搞懂，帶的團隊就一定是穩固的。但同時，三足鼎立有一個致命的弱點就是「缺一不可」。三足有一個足斷裂，鼎就要傾覆。換句話說，執行力、領導風格和影響力三者的匹配，有一個搞錯了，領導者帶團隊都會出現不穩定的局面。

那麼，影響力和工作執行力應該如何匹配呢？

首先，領導者的七大影響力是分為兩個層級的：一級影響力和二級影響力。其中，專業影響力、指示影響力、獎勵影響力和強制影響力這四個影響力是一級影響力；訊息影響力、職權影響力和關係影響力這三個影響力是二級影響力。那麼，分出一級影響力和二級影響力有什麼用呢？是因為這兩個級別的影響力是有運用的先後順序之分。在實際操作層面，領導者必須先動用一級影響力，並在取得效果之後，才可以動用二級影響力，二級影響力是用來鞏固效果的。如果沒有運用一級影響力，直接動用二級影響力，效果會大打折扣甚至還會適得其反。

其次，七種影響力和執行力也是有緊密的匹配關係的。

其中，專業影響力是用來影響 N4 的。N4 渴望把工作做好，所以，他們希望碰到問題的時候領導者能夠在專業上指導自己。所以，如果領導者專業能力強，對 N4 來說就具備影響力；指示影響力是用來影響 N3 的。N3 並不是時時處處都不做工作的，現實中我們會發現，N3 類型的員工會聽命一種人 —— 他們認可的人。如果 N3 認可你這個人，他願意效力於你，他賣的是你的人情，而如果你得不到 N3 的認可，那他就只會和你吊兒郎當至對著幹；獎勵影響力是用來影響 N2 的。N2 是想把工作做好的人，但能力有欠缺，所以，他們工作的過程中希望領導者能給予幫助和鼓勵，希望工作結束後領導者能看到他們的成績，給予他們認可，這是他們的需求，也是助推 N2 不斷成長向上的動力之源，因此，領導者要以豐富的獎勵手法為 N2 提供源源不斷的動力；強制影響力是用來影響 N1 的。N1 既不能也不想做，領導者對待這樣的員工不要客氣，佛家也講「菩薩心腸，霹靂手段」，該強制的時候不要手軟，否則他們會認為可以在工作上有商有量、討價還價的餘地。並且，N1 工作拿不出預期的效果，領導者必須盯住不放，強制 N1 達標。這樣，他們才會知道領導者是有原則的，沒有把工作達到標準自己是沒有糖吃的。

當一級影響力對應員工執行力施加影響並取得效果之後，領導者再動用二級影響力進行效果鞏固。其中，訊息影響力是對應 N4 和 N3 這兩種員工的；職權影響力是對應 N3 和 N2 這兩種員工的；關係影響力是對應 N2 和 N1 這兩種員工的。

最後，再次強調：工作執行力、領導風格和影響力三者之間的關係就像「鼎」，唯有三足鼎立，領導者帶隊伍才能穩固。

發揮領導者的激勵影響力

正激勵和負激勵

攀登高峰是一個艱辛而又漫長的過程，人們會在這過程中變的精疲力竭、滿身創傷、灰心喪氣，因而時常產生放棄的念頭。此時，領導者要激勵追隨者繼續前進，給予他們鼓舞、勇氣和希望，讓他們感覺到自己每天都是一個真正的強者。

我們知道，保險公司的銷售人員每天早上要開晨會，每天回來要開夕會。而他們的晨會和夕會有一個特點，這個特點就是「加油打氣」。

這麼做的原因是因為保險業務員被拒絕的機率非常大，可能一天見 100 個客戶，有 95 個都會毫不留情的拒絕，剩下 5 個客戶也可能只有兩三個願意聽你介紹完產品，而在這兩三個人裡有沒有人會購買，還是一個未知數。因此保險業務員每天都要面對挫折。

這就是為什麼他們每天早上和晚上都要開會，因為他們每天都需要激勵，透過激勵來戰勝挫折感，不然是無法繼續工作的。

激勵可以分正激勵和負激勵。領導者激勵下屬並不是說每天都要正激勵，激勵下屬也需要負激勵的參與，而最好的正負激勵比例是 3 比 1，三份正激勵配合一份負激勵。可能有人不明白什麼叫做負激勵，負激勵的內容包括：訓斥、考核、指責、設定難關等等。

激勵需要正負激勵都要有，就像人體裡不能沒有壞菌，好菌和壞菌形成相互制約。如果一個人身體裡沒有壞菌，身體細菌平衡被打破，人必然就會生病，就會死亡。

如何進行正面激勵？

正面激勵有 3 個步驟：

1. 描述你的下屬做的是一個什麼樣的行動。
2. 提煉你的下屬做這個行動的動機，並且提煉出來的動機一定要是正面的。
3. 將這個動機進行昇華，以表達你以及團隊對這個下屬的認可。

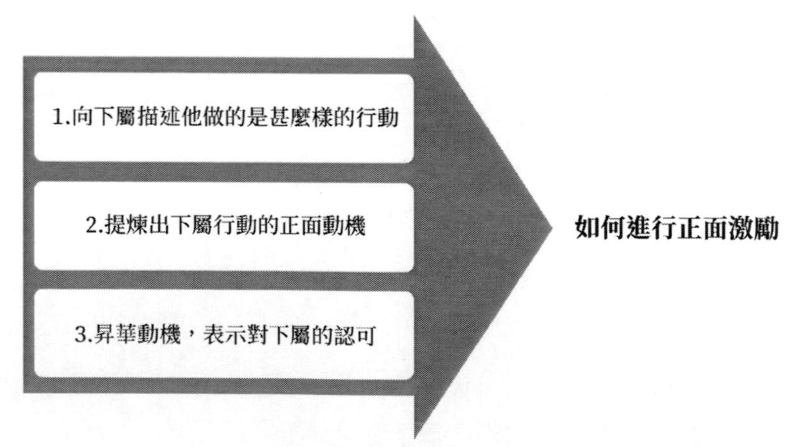

圖：如何進行正面激勵

領導者對下屬進行正面激勵的語言方式：

早上領導者向下屬打招呼「早上好」，請記住，主動打招呼的應該是領導者，而不是下屬，而在現實中我們往往都會倒過來。

我們可以怎麼對下屬進行正面激勵呢？

表：正面激勵的內容

內容	例句	目的
關心	「我看你今天氣色不太好啊。」	表現出領導者對下屬的關心並營造下屬願意和你交流的氛圍。
	「現在不行，不過下班我可以抽出時間來。」	領導者再忙，也要向下屬傳遞，你關心他問題的態度。
誇獎與激勵	「果然有你的。」	誇獎下屬的成果，讓下屬充滿自豪感。
	「最了解這項工作的非你莫屬，大膽去做吧。	激起下屬的積極性，表現出對他的信任。
	「和大家說你是怎麼搞定這個問題的。」	公布下屬的成績，並對其經驗做法進行交流。
感激	「謝謝，不愧是XXX。」 「謝謝你，最近辛苦了啊。」	在談話、工作告一段落的時候，在結束的時候，留給下屬一個高興的印象。這是利用心理學上的一個小技巧。比如你經歷了一個漫長的過程，當過程結束之後你再去回憶，你能夠回憶起來的第一個是過程中印象最深刻的時候，第二個就是最後結束的時候。所以在最後要留下一個讓下屬高興的印象。

如何進行負激勵？

對下屬進行負激勵，首先要越具體越好，再進行告知，最後提出具體要求。

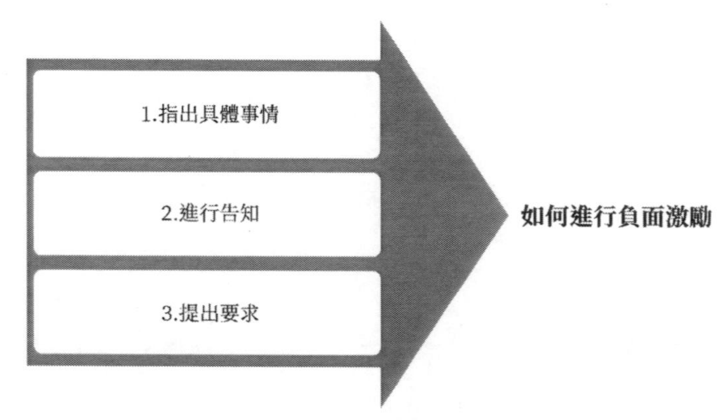

圖：如何進行負面激勵

比如你的一個下屬在公司外出活動時遲到了，你要具體的指出問題，因此首先要說的不是「你又遲到了。」而應該是「XXX，規定的時間是 8 點 30 到會場，現在 8 點 35 分，你遲到了 5 分鐘。」

之後進行告知：「這五分鍾不是你耽誤了五分鐘的問題，而是我們全隊都無法出發。」不是就事論事，而是把他的事件放到全域性來看。

再提出要求：「如果你真的是為團隊著想，如果你真的具有團隊意識，請克服你個人的問題，真正把團隊把集體擺到第一的位置，下回絕不允許遲到。」

很多管理者總在批評，其實批評也有方法，這個方法叫做「幫助批評家，變為建議者」。

從批評家變為建議者有兩個步驟：

1. 把批評背後的意圖說清楚。這裡要明白，我們批評別人不是為了傷害別人，而是為了讓他改正，下不為例。

2. 將批評正面的意圖透過詢問的方式表達出來。

案例：如何把負面批評變成正面建議？

比如一個上司對自己下屬做出來的方案非常不滿，然後對下屬說：「你交給我的這個施工方案費用太高了，而且也沒辦法實際操作。」此時這個人就在批評下屬。在這個批評當中，他的正面意圖是：

第一降低費用，第二讓施工變得更可行。

這時就可以將批評的正面意圖用詢問的方式說出來，效果會比之前的單純批評好很多。

比如可以對做計畫的下屬說：「你這個施工方案做的不錯，不過你可不可以再降低些費用，然後讓操作方式再可行一些。」

不要去批評人，而是提出正面詢問的建議，這樣對方才知道自己如何去改正。

★慶祝要大張旗鼓、激動人心

世界上不管哪個國家，哪種文化，人們都是在固定的節日停下手中的工作，開展慶祝活動。慶祝是時間長河裡的標點符號，如果沒有它就沒有小節，沒有里程碑，更沒有起點和終點，一切都將周而復始，變得沒有希望。所以慶祝對於激勵下屬非常重要，只有慶祝才能深入人心，慶祝活動越多越細，下屬就會越受到激勵。

建立 360 度的影響力

1. 駕馭工作中的複雜面

領導者不管處於組織中什麼樣的層級上，都必須要建立全方位的影響。要學會影響你的下屬，影響你的上司；還要學會影響你上司的同事，影響你同事的下屬。當然，最重要的還是要影響你的直屬上司，以及自己的直接下屬，他們是直接和你產生關係的人，他們決定了你影響力的80%。

同時，每一項新任務都會帶來工作上新的橫向關係，要在專案或任務的初始階段就知道結果如何，以及會用到哪些橫向關係常常是困難的。所以，解決這其中的橫向關係要十分慎重，不要在不經意間得罪那些將來你可能要與之合作的人。如果你不了解其中的規則，或者疏忽了橫向間的制衡和影響，就很可能出現這樣的現象：明明你清楚地知道應該做什麼，以及怎樣做才是正確的，但就是做不成，除非你得到了關鍵人必要的合作與服從。

年輕人或技術型管理者往往不注意這些事情，因此他們在工作中常常會遇到麻煩。而即便是一些才能出眾的領導者，由於對自己橫向依賴的那些人的消極行為及抵制程度猜想不足，結果也是既耽誤了自己，也耽誤了事情。在這方面，企業要向政府官員學習，他們對這些問題都相當敏感，因為他們常常需要處理大量的橫向關係。這些能力不是你透過讀書或上課就可以掌握的，你必須在組織中沉下心來、仔細觀察、用心揣摩，方能成熟。請記住：大部分的企業管理者在這方面都是需要提高的！

要在組織中建立起合作的人際關係常常要花幾年的時間，而且其中的相關技能大多我們從未學過，這些技能主要透過長期的經驗教訓和向高水準的領導者學習得來，但其中的關鍵步驟還是必須要弄清楚，那就是首先要重視並搞定那些有影響力的下屬，同時，爭取上司的支持，然後，發展自己在組織中的橫向關係。

2. 重視並搞定有影響力的下屬

不要以為職場裡的影響力是一邊倒的態勢，其實領導者和下屬之間都可以相互影響。有時候你會感覺自己做什麼事情都很困難，但就是找不到原因，其實原因就是這些有影響力的下屬你沒有搞定。你沒有搞定這些人，你的想法再好，也沒有用。

有影響力的下屬和普通下屬，其重要程度對領導者來說完全不一樣。雖然他們的比重可能只占 20%，但你必須要花時間把他們找出來。

那麼如何找出來呢？

方法很簡單，把自己團隊或部門裡的所有人列出一個名單，然後對照每個人問自己一遍：如果這個人發動獨立的舉動或者不再支持我，會產生什麼樣的後果呢？就問這麼一句話就足夠了。這樣一路梳理下來，你就能拿到有影響力的下屬名單了。而與這些人的關係，是最需要精心維護和付出代價的。

3. 建立你對上司的影響力

上司對我們的影響無疑是最重要的。因為我們能不能把工作做好，其實並不完全取決於我們自己的能力和意願，更重要的是我們的上司。上司可以在三個階段對我們的工作施加影響，並能夠直接導致我們的工作結果和績效。

第一，工作開始前，上司可以決定分配給你是否擅長的工作，這將直接決定你接下來要付出的努力以及結果成敗的機率。如果上司就是給你分配了力所不能及的任務，那麼，從一開始，其實你就注定了「失敗者」的命運。第二，工作過程中，上司可以決定是否對你伸出援助之手。如果你和上司關係交好，碰到困難的時候，上司可以提供你必要的資源和協助，而如果缺乏和上司的交往，那麼，你只能看著上司作壁上觀而自己只能死抗到底。第三，工作結束後，上司有權對你的工作進行評價和評定，而這種評價和評定是否客觀，更要取決於你和上司保持的關係了。尤其在一些不能定量只能定性的結果上，人為的因素就造成了決定性的作用。

上司對我們的影響如此重要，但奇怪的是，現實中卻並沒有太多的人拿出足夠的時間、精力和重視度來做好對上關係。可能他們認為兩點：第一，只要我把我的工作做好，上司滿意就沒必要刻意去討好上司（這是相當危險的想法）；第二，表現出重視上級關係會讓組織中的其他成員給自己扣上「拍馬屁」的帽子，這讓人很是難堪。但問題是，你不去做好對上關係，上司一般也不會主動來做好對你的關係。因此，要保持良好的上下級關係必須投入必要的時間和精力，並要好好想一下下面 6 個問題：

1. 我是否真正清楚上司對我的期望？
2. 上司是否真正清楚我的期望？他知道我渴望哪些訊息、資源和幫助嗎？他是否知道我的職業規劃並且贊同？
3. 我們日常相處的如何？有不愉快和矛盾嗎？如果有，是什麼原因？我將要如何進行改善？
4. 最近一兩個月我向上司提過哪些要求？這些事情有多重要？這些事情中有沒有浪費上司時間的情況？
5. 在我們建立信賴感的諸多因素中，上司更看重什麼因素？我在這方面是否表現的令人滿意？
6. 對於我最近幾個月的工作，上司了解多少？如果他不了解，是否會引發問題？如果是，我該如何彌補？

只有真正重視起對上關係，並堅持足夠的投入，你才能換來對上司的影響力。

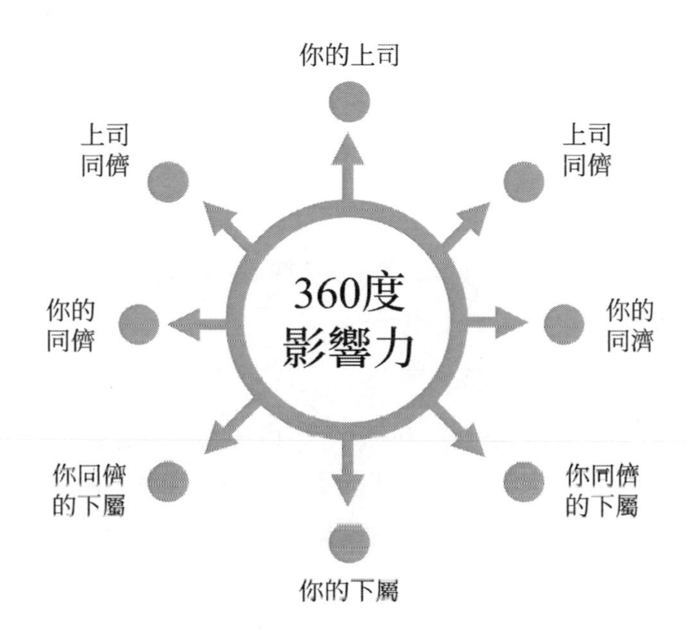

看《寒戰》解讀職場影響力

案例《寒戰》[014]

香港警匪片《寒戰》是近年來港片中不可多得的佳品。影片中有兩個主要人物，一個是香港警務處副處長李文彬（行動組），從基層警員做起，歷經了30年摸爬滾打，並成功剷除黑幫組織「三合會」，有著豐富的從警經驗。另一個是香港警務處副處長劉傑輝（管理組）。學歷高情商也高，工作有思路又到位，是最年輕的警隊高層。

這天香港警務處處長（香港警隊最高領導者）帶著警隊一干高層去哥本哈根開會，於是香港警隊出現了暫時的高層真空期。就在這段時間裡，香港發生了一件驚天大案，一幫匪徒劫持了一輛警隊衝鋒車及車上

[014] 《寒戰》是銀都機構有限公司、萬誘引力有限公司、安樂影片有限公司聯合出品的動作電影2012年10月4日，作為韓國釜山電影節的開幕影片全球首映，11月8日在香港上映。2013年該片獲得香港電影金像獎最佳影片等諸多獎項。

的5名警員，然後向香港警方勒索天價贖金。在被劫持的5個警員當中有一個是李文彬的兒子。李文彬是行動副處長，又救子心切，立即自任署理警務處處長，並展開了代號為「寒戰」的營救行動。

李文彬的違規做法引起了另一個主角劉傑輝的質疑，想要將李文彬革職，但是走正常程序，最少要兩個星期。於是，劉傑輝就運用了橫向影響力對李文彬實施了「突然死亡」。

要解決問題，首先要找到理由，古語云：師出有名。劉傑輝給李文彬定義的罪狀：未經警隊管理層同意，擅自提高香港警備級別。

理由找到了，下面就需要解決問題的條件：需要至少5名憲委級管理層的投票。劉傑輝下面做的就是去解決這個條件。很快他就找到了三票：自己一票，助理一票，還有李文彬助理的一票，因為李文彬的助理也不認同其上司的做法。

此時，李文彬和香港警務處公共關係科科長又因為職責界定的問題發生了爭吵，而此人也是憲委級管理層，手中擁有罷免處長的2票表決權，對李文彬來說是他的關鍵人，但是他沒有意識到這一點。最後，在以劉傑輝發起的對李文彬的「鬥爭」中，李文彬被迫以「私人理由」退出指揮行動，劉傑輝開始全權負責。

在這場權力鬥爭中，李文彬一個有30年資歷、救子心切並要剷除惡勢力的「老司機」，最後卻被迫停止行動，我們下面就來分析他的失敗原因。

李文彬是一個身居高位的領導者，他經驗豐富，但是卻不懂的橫向致勝的道理，因為領導者無論職位高低，要想做好領導工作，就必須重視關係以及合作問題。尤其是在推行重要工作之前，要實事求是的先回答一下八個問題：

1. 我需要得到誰的合作，誰的服從必不可少。
2. 會有人拒絕合作或者服從嗎？如果有，為什麼？
3. 他們會有什麼樣的、什麼強度的抵制？
4. 我能克服這種抵制嗎？用什麼方法可以做到。
5. 那些關鍵人物是否和我建立了良好的關係。
6. 我在組織中的影響力和信任度到底如何。
7. 我是否能夠得到或者及時掌握相關的工作訊息。
8. 我擁有的哪些資源可以幫我發揮作用。

任何一個領導者在開展一項重要工作之前，都必須先回答這 8 個問題，如果你不知道這些問題的答案，就貿然開展工作，那失敗的可能性就會非常高。因為強行開展工作，你將會受到重重阻撓，你面前將會有巨大的阻力，而且最後還得不到你期望的結果。

《寒戰》中的李文彬之所以失敗，就是因為這八個問題他一個都沒有考慮，而劉傑輝這 8 個問題都考慮了，並且有了答案。

提升影響力的三個方面

影響力的核心就是與各種組織內外部的相互依賴和錯綜複雜的關係打交道。正確評估各方的領導力，是一項重要的領導技能。提升影響力需要修練三項重要能力：

1. 準確評估人們在目標、理念和利益上差異的能力。
2. 洞察人與人之間微妙關係的能力。
3. 判斷上述兩項對未來影響的能力。

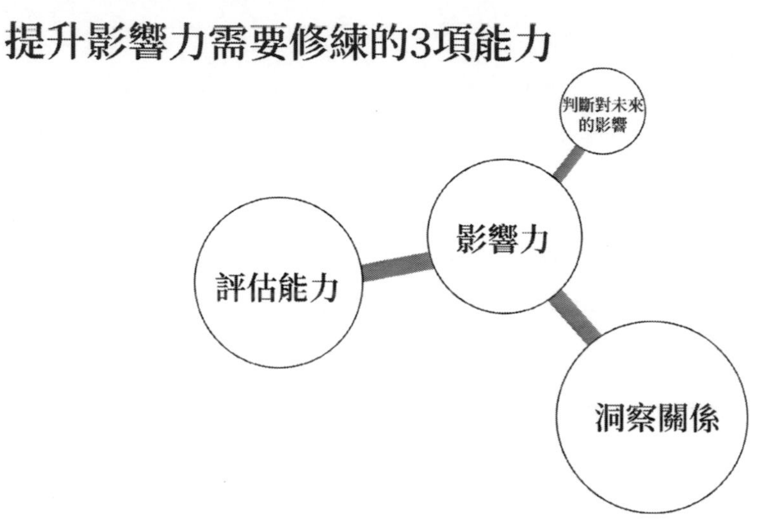

圖：提升影響力需要修練的 3 項能力

職場中的 7 大影響策略

在橫向致勝中，領導者還可以有針對性地運用「七種影響策略」，來幫助自己豐富影響手法，加強影響作用。

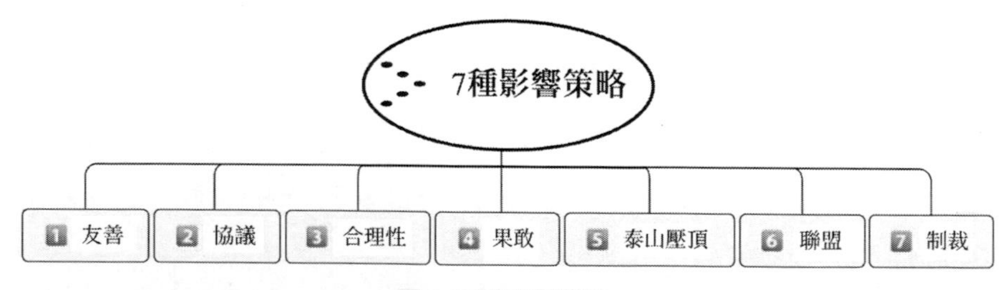

圖：7 種影響策略

七種影響他人的策略測試題

提示：

對以下 42 個句子做出真實評判。評判是基於你日常行為的真實程度，而非因為你應該去如何表現。在每個句子後打上分數。

「下屬」代表向你報告的員工，「同事」代表你的平級。

打分基礎：

0 —— 從來不

1 —— 極少是

2 —— 很少是

3 —— 大多是

4 —— 經常是

5 —— 一貫是

1. 如果我要達成一件我不可以強硬推行的事，我會想方設法讓我的同事覺得這件事重要。
2. 我喜歡對我的下屬作突擊性檢查。
3. 當我宣佈一項改變時，我會先起草一篇關於本次改變的辨證說明。
4. 開會前，我會先確定我會在會議上得到足夠的支持。
5. 如果有必要的話，我不惜停止某個員工喜歡的工作來達到我的目的。
6. 當我要求下屬對我做出額外貢獻時，我喜歡給他一些好處。
7. 如果我的同事不與我合作時，我會找到我們的上司。
8. 我盡可能以命令的方式指點他人，這樣會事半功倍。
9. 我喜歡被他人認為是一個友善的人，因此，我做事時總是和善有禮，謙遜有加。
10. 我認為基礎健全，邏輯合理的論據是任何事物的依據。
11. 我喜歡用開會的形式來正式討論問題。
12. 如果有人不順我意的話，我會令他過得很難受。
13. 當我要同事與我合作時，我會提醒他我以前幫過他很多忙。

14. 當我要同事順從我的意思時，我會暗示老闆也很支持我。
15. 當我要求某個下屬合作時，我會給他明確的時限。
16. 當我提出要求之前，我會先對同事讚賞一下。
17. 在我勸他人做事之前，我會收集有關資料。
18. 在會議上提出某項事項之前，我喜歡先和我知道的支持者打個招呼。
19. 當某個下屬不合作時，我會毫不猶豫地告訴他人。
20. 當某人順從我時，我不惜作出個人犧牲。
21. 當某個下屬不合群，不為大局著想時，我會要求我的上司出面。
22. 我會整天嘮叨一位同事，直至他合作為止。
23. 我不惜等待時間，直到合適的時機出現，才去與別人談事情。
24. 我會在要求同事幫忙之前，先將理由說清楚。
25. 在我提出要求之前，我會提醒對方我已獲得多數人的支持。
26. 如果我推行不了一件事，我會恐嚇他，告訴他我將來也將不予合作。
27. 如果有一個同事同意替我做一件事，我會提供必要的支持與合作。
28. 有必要時，我會要求上司與某個同事私下交談。
29. 我對上司提出要求時，先會找幾個支持者。
30. 當我要他人做一件事時，我會提起他們的經驗與能力，讓他們感到重要與可成功性。
31. 在我實行一個專案之前，我會為上司寫一篇論據。
32. 我會要求上司對我提出的要求，在期限內予以反應。
33. 如果上司同意我的要求的話，我會作出額外的付出。
34. 我達不到目的時，我會要求與更高層負責人談話。

35. 我會越級向我上司的上司報告工作。
36. 為達到目的，我會死纏爛打、不斷困擾他人。
37. 當我的上司不能解決某個問題時，我會要求他找比他更高的人來處理。
38. 我會同情我的要求可能帶給他人的困難。
39. 我會用毫無感情的語言和直率的邏輯支持我的論點。
40. 我會問我的同事，他們支不支持我的意見。
41. 當同事願意替我做事時，我會同意給他幫助。
42. 當某同事不肯順從我的時候，而如果我有足夠的權力，我會暗示他會失去晉升和發展的機會。

評分：

友善：1、9、16、23、30、38 總分；

協定：6、13、20、27、33、41 總分；

合理性：3、10、17、24、31、39 總分；

泰山壓頂：7、14、21、28、35、37 總分；

聯盟：4、11、18、25、29、40 總分；

制裁：5、12、19、26、34、42 總分；

果敢：2、8、15、22、32、36 總分。

答案：

1. 友善。

這個策略就是下屬看到你的最好的那一面，它的方法就是透過合理友善的行為，比如微笑，又或是等待適當的時機才會提及一個問題，人際關係和對他人的敏感度是這個策略的支柱。

一個使用這個策略的方法是透過承認下屬有本事和能力，來讓下屬自覺自己很重要。當下屬希望得到他人肯定時，這種策略是最為有效的。但是這種方法使用要恰當，如果濫用的人，對方會對你產生懷疑。

2. 協議。

這種方法是很多人願意使用的，適用的方法是談判。如果你做了這件事，我就同意你另一件事，這是基於原則的交換協議。它讓大家都有退讓妥協。

在使用這種策略時，必須要有一定的神入。神入指的就是對人有一定的敏感性，要帶入自己的情感和情境。這種策略的缺點就是，他人會變得習慣於進行交換，每次都期待有額外的收穫才會受到你的影響。在極端情況下，這種策略會摧毀團隊，每個人對個人所得看得比組織目標更重要，造成了貪念和個人需求的不斷膨脹。

3. 合理性。

這是一種常見的策略，是透過事實、資訊和數據來支持自己的觀點，依賴於客觀的資訊和沒有感情的論調，這要求事情有準備，而不允許突發的言語或者行動。

對許多人來說，這種策略十分有效，因為他們相信，被影響的人在接受了理論之後會心悅誠服。可是接受並不表示絕對服從，當這個結果發生時，被影響人會就被視為不可理喻的障礙。我們更要提醒自己，在一個組織中的權力遊戲常常不允許我們做出合理的決定，客觀的論點有可能得到不應有的重視。

4. 果敢。

這種行為常被混淆成強人所難，果敢表示堅定不移，尊重自己和他人的權力，也可能是從規定和法則來要求時限內結果的達成。小心使用你的果敢，因為這種策略常在使用時變成不自覺的失控，變得帶有強制的色彩。

強制性的行為往往會傷害他人，同時讓人際關係趨於惡劣。

5. 泰山壓頂。

這個策略是讓更高層面的人來幫助推行事情。這個策略不可多用，因為讓更高層面的人加之他人之上，一定會引來背後的議論，使用者更可能會被認為是一個沒有能力的人。

6. 聯盟。

它的使用就是同事間的相互支持，這是一種需要時間和技巧來培養的一種手段。當遇到自己無法獨立推行的事情時，我們可以和他人事先溝通，將事情安排好，共同進退，有效的達到既定目標。

7. 制裁。

這種策略對下屬使用，可以隨意指派下屬去做不喜歡的工作，或者收回下屬喜歡的工作。使用這種懲罰性的策略行為，是建立在恐嚇之上，這可以是公開的恐嚇，也可以是簡單的脅迫。

這種策略危險係數高，使用人可以得到短時的效果，但從長期來看，人際關係和合作意識必將受到影響。

7 種影響策略每種都有自己的優點，也有自己的缺點。你千萬要知道，當動用這些策略之後，會產生什麼樣的問題，然後提前做好準備，有效的將這些問題化解。

第五章

無為而治 —— 構建組織系統的領導智慧

5.1
建立組織優勢

最寶貴的是人才嗎？

有句被奉為經典的話：「21 世紀什麼最寶貴？人才！」這句話道出了許多領導者的心聲。得人才者得天下；建構人才優勢是企業的核心競爭力……這些耳熟能詳的觀點，讓我們無論怎麼描述人才的價值和作用都不為過。但細細思考，如果一個組織過於依賴人才，或者當人才造成了決定性作用的時候，這個組織是相當危險的。如果人才離開了怎麼辦？如果人才出問題了怎麼辦？這兩點可以瞬間將以人才優勢為本的組織擊倒。很簡單的道理：第一，人才不是固定資產，而是具有流動性的，任何組織不可能永遠持有人才；第二，人才不是裝置，不可能保持恆定的狀態一成不變。即便是組織的最高領導者，也不應該完全成為組織的依賴，因為領導者也有可能出問題的。「少不了老闆就多了一份危機」，這也是對人才優勢另一個面向的解讀。

老子云：太上，不知有之。太上，在道家的觀點裡是「至高無上」之意，這裡引申為最好的領導者，其表現形式是人民並不關心或不需要知道他的存在。為什麼？因為他在和不在都一樣。其實，這也就是我們追求的最高境界：無為而治。

無為而治，這是多麼夢寐以求的境界，又是領導者最高水準的展現。怎麼能夠達到這種境地呢？老子同樣給出了答案：有所為有所不為。這裡，我把這七個字拆分為兩個部分和兩個階段來看。第一階段，領導者一定要「有所為」，並且要親力親為，只有領導者親自「為」到位了，才有可能達到第二階段的「有所不為」。同時，領導者第一個部分「為」的是什麼？為的是組織的系統建構，只要領導者能夠為自己的企業建構一個科學而完善的系統，就可以實現第二個部分「有所不為」。

優秀的組織系統能夠讓平凡的人變得偉大，而糟糕的組織系統只會讓偉大的人變得平凡。

如果用優秀的下屬做出了優秀的業績，這並不能說明領導者有能力，只能說明其團隊或下屬有能力。能用平凡的下屬做出優秀的業績，這才說明領導者有能力，因為你建構了出色的組織系統，你運用的就是組織優勢而不是人才優勢。2016 年歐洲盃，冰島意外闖進了八強，這讓眾人都出乎意料。冰島是一個非常小的國家，人口一共才三十多萬人。去掉女性，去掉年齡不適合踢足球的男性，去掉身體有問題不能踢足球的男性，最後沒有多少人可以供冰島國家隊選擇了。並且他們的守門員還是一位導演，他們的主帥是一名牙醫，但是就是這一群人，最後成功的進入歐洲盃八強。這就是透過建構出色的系統，讓系統裡平凡的人發揮了不平凡的作用，透過系統建構的組織優勢，讓系統中的普通人也變成了出色的球員。

請思考，領導者帶的團隊到底應該是崇尚「狼道」還是「獅道」？

狼和獅子都是優秀的獵手，並且，都是團隊作戰。但兩者的獵殺方式還是有重大區別的。其中展現的一個是有系統的團隊，另一個只能算烏合之眾的抱團。你猜猜哪個算「團隊」，哪個算「抱團」呢？

可能很多人會選狼群更優秀，在某些組織裡的確太推崇狼性文化了，但我要告訴你，狼群比起獅群只能算「抱團」。狼群獵殺一般是 500 公斤左右的獵物，很少能獵殺野牛這樣重達 1,000 公斤以上的獵物；而獅子只要是團體獵殺，基本都是照著野牛下手，很少會去獵殺斑馬、牛羚這樣的 500 公斤的獵物，除非個體作戰。而我們都知道，在自然界中衡量動物的戰鬥力高低的最基本要素就是體重，體重越重的動物戰鬥力就越強。所以，要獵殺野牛這樣極度危險的獵物，靠「抱團」這個層面的組織是無法勝任的，必須是一個真正有系統，能創造出組織優勢的「團隊」才能完成。說這麼多，那獅群的優勢到底展現在哪裡？

我總結三點以下：

第一，獵殺前，狼群並不知道被獵殺者到底是誰，牠們的獵物是在對團體發動攻擊中隨機獵殺的。可以說，狼是目標導向，但不是真正的結果導向。相反，獅子並沒有狼那麼好的耐力，牠只能保持幾分鐘的戰鬥力，所以，獅子一次獵殺會盡量確保行動的價值最大化 —— 去獵殺體型盡可能大的獵物。這就使獅群獵殺前，首先就鎖定了範圍，確保了結果的可控性。

第二，獵殺時，狼群身先士卒衝鋒在前的是「狼王」，而這充其量是個連排長的程度。反觀獅群，母獅是捕獵主力，只有「獅王」地位剛確立或遇到比較危險的獵物時，雄獅才衝鋒在前。而絕大多數情況下，雄獅都是坐鎮觀戰。為什麼，因為雄獅明確知道自己該做的事，而不是去搶著做自己能做的事。獵殺後，雄獅要負責保護獵物，或者與流浪獅爭奪對自己團隊的控制權，這都需要牠保持充沛的體力和強健的體魄。而不參與獵殺，牠就減少了受傷的機率，同時又儲存了體力。是真正的智者和「大將風度」。

第三，獵殺過程中，狼群是不講究分工合作的，基本是一哄而上，靠著「嗜血」精神和「必殺」信念，對獵物窮追猛打，狂撕亂咬。而獅群卻講究的多，策略和戰術層面都有編排，誰負責發動攻擊、誰負責埋伏，誰負責追趕等，甚至還會利用風向等自然條件把獵物趕進預先設定的埋伏裡，確保獵殺品質和風險控制。

綜上所述，我們發現狼群和獅群雖然都是團隊，但狼群沒有對團體進行系統建構，所以，並不能將個體作用發揮到最佳程度，導致團隊整體戰鬥力其實是打折的。

5.2 系統的作用以及應用

什麼是系統

英文中「系統」（system）的本意為「部分組成的整體」。

對領導者而言，最難的工作不是體力挑戰，而是腦力挑戰；最難的建構，不是硬體的建構，而是軟體的建構；企業間最大的競爭和差別，不是有形資產而是無形資產。正是這些腦力的、軟體的、無形的建構，讓許多領導者摸不到頭腦，導致努力不到點上。最終還是見不到一點可以緩一緩、歇一歇的希望，更別提「無為而治」了。

領導者都明白發展壯大不是靠自己，而是靠團隊；經營企業都知道模式的重要性，按部就班的發展是加法，找對了模式發展是乘法甚至是爆炸式的。這些都說明系統看待事物的重要性。對組織管理而言，個別員工，如果工作意識有待提高，可能是他個人素養的問題。而團隊整體工作意識都有待提高，那一定就是組織系統的問題。

案例：囚犯船

西元 18 世紀末，為了開發當時還處於蠻荒地帶的殖民地澳洲，英國政府決定將國內的囚犯運往澳洲，這麼做既可以解決英國監獄人滿為患的問題，又能夠為澳洲帶來豐富的勞動力。

當時運送犯人的船運工作通常是由一些私人船主承包的，英國政府按照裝船人數向船主支付費用。因此，船主們為了賺取更多的利潤，運送犯人採用破舊的貨船，船上的設施簡陋不堪，衛生條件更是非常糟糕，犯人在運輸途中的死亡率很高。

因為一旦船隻離開了岸，船主就會按人頭數拿到了政府的錢，所以對於這些囚犯能否遠涉重洋活著抵達澳洲就不是他們關心的了。

英國的歷史學家查理巴特森（Charles Bateson）在自己的書中記載，當時運輸的犯人平均死亡率為 12%，其中一艘名為「海神號」的船，在起航之前有 424 個犯人，而活著到達澳洲的犯人只有 266 個，死亡率高達 37%。這麼高的死亡率，不僅讓英國政府在經濟上損失巨大，還在道義上也引起了社會各界的強烈譴責。

政府如何解決這一問題呢？其解決辦法就是在每艘船上派遣一名監督官員和一名醫生，並且還對犯人在船上的生活標準做出了硬性規定。但是，這種方法不但沒有讓犯人死亡率降下來，反而有的監督官員和隨船醫生在途中就不明不白地死了，原來一些船主為了繼續保持暴力，想要賄賂官員和醫生，收了錢的官員和醫生就不會再去管犯人的死活，而一些官員、醫生不肯接受賄賂，便被扔到大海裡去了。

無奈之下，政府只好又採取新的辦法，他們將所有的船主們都召集起來，然後對他們進行道德方面的宣傳，告訴他們要珍惜生命，不應該將金錢看得比生命還重，這些犯人去澳洲開發是為了英國的長遠大計，但是這些論調在船主聽起來顯得非常可笑，所有情況依舊沒有發生任何好轉，運輸犯人還是保持著高死亡率。

這時在英國政府中有一位議員就提出：這些船主其實是鑽制度的漏洞，制度的缺陷就在於，一直以來，政府是按照上船犯人的人數來給船主報酬的，而不是以上岸人數為準計算報酬。所以最根本的解決方法就是改變這種付費制度，無論在英國上船時有多少人，政府只按照到達澳洲的人數來支付報酬。

這種按到岸人數付費制度實施後，馬上就顯出了效果。為了保證犯人能夠活著達到澳洲，船主們主動聘請醫生跟船，準備藥品，改善生活，因為每死一個犯人就意味著他們的報酬減少了一份，如果死太多了，不但他們賺不到錢，還有可能會虧錢。西元 1793 年，第一次按照這種付費制度運送犯人的三艘船到達澳洲，三艘船上一共有 422 個犯人，其中只有 1 人死於途中。

之後，英國政府進一步完善了制度。政府需要根據到達澳洲的犯人數以及犯人的健康狀況來支付費用，如果犯人沒有死亡並且健康狀況良好，船主還可以得到獎金。這樣以來，運往澳洲的犯人死亡率進一步下降。對這些唯利是圖的私人船主，政府無論是採取監督方法還是道德說教都不發揮作用，然而最後只是只是改變了一下支付報酬的制度，一切都迎刃而解了，這些船主就從「魔鬼」變成了「天使」！

這就是系統作用的展現。英國政府重新建構了運送犯人的系統，在新的系統裡，所有的人沒變事沒變，只是系統結構改變了，問題便迎刃而解。

◈ 理解事件的層次 ◈

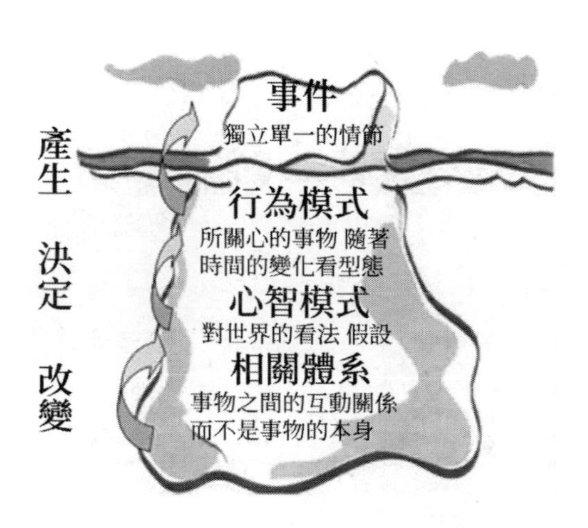

「毛刺事件」刺出的系統思維

案例：毛刺事件

2000 年 10 月，一位海爾洗衣機使用者被洗衣機塑膠進水孔處的一個「毛刺」劃傷了小手指而投訴，此事件在海爾集團引起了軒然大波，集團內部開始了為期 3 個月的「毛刺事件」大反思、大討論，對海爾在生產、管理、銷售、服務、品質、培訓、文化建設等各個方面進行全面流程的梳理、整治和提升，讓海爾高速發展。我們現在一起來分析這個經典的案例：

一使用者在洗衣時，把手伸進了洗衣機內壁導水槽，結果被內壁上的一個毛刺劃破了手指，於是投訴至客服。售後客服人員甲接電說：「我們的產品完全符合國家標準，你沒有按我們的說明書使用，我們不負責任。」洗衣機廠的生產廠長乙碰巧聽說了這件事，查到了這臺洗衣機的生產負責人丙，罰了其 100 塊錢，然後採取措施，增加了一個位子，對檢驗出有毛刺的配件專門進行打磨。

請問：你認為服務人員甲和生產廠長乙的做法對不對？為什麼？

我在授課過程中，每每用到這個案例的時候，學員開始往往認為兩個人都對：甲盡到了職責，維護了企業利益；乙抓住了負責人，增加位子解決了問題等。但細細再想，好像兩個人又都沒有做好。那到底有沒有問題，又有什麼問題呢？現在我們用系統思維來詮釋一下，這個案例中暴露了海爾當時在經營管理上的十大問題。

1. 說明書有問題。

使用者為什麼會把手伸到不該伸的地方？因為沒有看說明書。為什麼不看？因為說明書是技術人員寫的，技術人員在寫說明書的時候是站在技術的角度，而不是站在使用者的角度去想，導致闡述了一堆技術數據但使用者卻不愛看也看不懂。如何寫說明書才能讓人願意看、能看懂？需要懂客戶、了解客戶需求的人來寫說明書。如果從這個角度思考，我們就知道，寫說明書最佳人選不是技術而是業務，只有業務人員才最懂客戶。從此，海爾進行了說明書革命，把過去以文字為主改為以圖片為主，並要求使用者能看懂，說明書才算合格。

2. 甲對「標準」的定義有問題。

「我們的產品完全符合國家標準」，有這樣的觀念是不是就可以推卸責任了？顯然不行！要知道，國家標準往往低於產業標準，是底限性的要求，而企業標準又最好高於產業標準。如果企業僅僅以符合國家標準來滿足發展需要，那必將被淘汰。所有產業都應有一個標準來檢驗自己，那就是「使用者滿意」。沒有這一條，無論企業達到了什麼標準，都換不來市場。

3. 培訓系統有問題。

甲對使用者的答覆顯然不是經過專業訓練，而是帶有濃重的個人觀點和情感色彩的。表面上看他是在維護企業的利益，實不知，他的小格局和境界的低下，只能造成使用者對產品對企業的不滿。而失去了客戶的信任，這才是在真正破壞企業的利益。這種非職業化的表現，突顯了企業當時在員工培訓過程中流於形式、出了紕漏，讓沒有真正把企業文化、職業準則深入人心的員工送上職位，這對企業是一個巨大的危機。

4. 訊息回饋機制有問題。

案例中「洗衣機廠的生產廠長乙碰巧聽說了這件事」，這是企業一個嚴重的失誤。好在廠長聽說了這件事，如果沒聽說呢？大家是不是都矇在鼓裡，還對自己的產品和服務飄飄然呢？這說明，企業當時並沒有建立起「生產 —— 銷售 —— 售後」三位一體的訊息回饋機制。

5. 位子可以隨意增加嗎？

增加位子就是增加成本。今天知道有毛刺了，就增加位子解決毛刺問題，明天再出現其他問題呢？難道再增加其他位子嗎？如此下去，位子增加將無窮盡也。此案例中，廠長不應該思考增加位子打磨毛刺，而是要思考為什麼會出現毛刺？毛刺從何而來？順藤摸瓜，從源頭上找到問題的癥結並解決方為上策。

6. 工作品質是做出來的，還是檢查出來的？

增加位子還會附帶出一個不良影響。員工看到廠長這麼做，會認為自己的工作出問題很正常，並且如果有問題，主管會想辦法來解決。這樣勢必造成員工責任意識和工作品質的下降，後患無窮。所以，領導者在做決策的時候，不僅要思考自己的行為本身，更要深度思考自身行為背後對組織會產生的影響。沒有這種深度思考、系統思考的意識，領導者的工作無非是用今天的辦法來解決昨天的問題，而明天的問題又恰恰來自今天的解決方案。

7. 廠長以罰代管。

案例中，廠長不明白罰只是工作的「手段」，解決問題才是「目的」。廠長罰了丙 100 塊錢，是不是毛刺就會消失？一定不會消失。要想不再產生毛刺，廠長要管理好生產線，而不是一罰了事。現實中，許多管理者沒有系統思考罰和管的關係，從而一罰了之，問題卻還沒有解決。

8. 廠長的處罰無據可依。

既然有毛刺是符合國家標準的，顯然丙在工作中是沒有過錯的，因此，處罰丙也是沒有依據的。我們不能因為從丙的生產線出來的產品劃破了使用者的手指，就要處罰這樣一個按標準作業、並沒有過錯的員工。別的生產線上的員工和他一樣的生產、製造了一樣的產品，但他們的使用者沒有劃傷，就可以「高枕無憂」，這不公平，這是「人治」，不是「法制」。

9. 處罰的不是丙，而應該是廠長本人。

管理者一定要明白一個基本道理：下屬的錯，歸因往往是上司的錯；終端的問題，歸因往往是系統的問題。丙只不過是生產線上一個按職責操作的員工，毛刺也不是丙人為製造出來的，他正常生產有什麼錯？是生產廠長的標準低下，允許在國家標準範圍內的毛刺出現，這才是最大的問題。所以，處罰的不應該是無辜的丙，而是沒有高標準嚴要求的廠長。

10. 沒按解決問題三部曲處理事件。

問題發生後，廠長只是做了內部處理了事，而對受傷的使用者及組織整體並沒有有效地處理，這種就事論事的方式永遠不能提高管理水準，蓋因廠長沒有系統思考，不掌握處理問題的順序和步驟。這裡，我提供一個系統的處理思路 —— 問題解決「三部曲」：緊急 —— 過渡 —— 根治。第一步，先處理緊急的事。緊急的事是使用者劃破手指並投訴了。廠長應該及時致歉，並帶相關人員登門慰問並處理好毛刺。第二步，再思考過渡階段。廠長應該明白，這一臺洗衣機劃破了使用者的手指，不僅僅是這一臺的問題，而是這個批次的洗衣機都有問題，要把相關洗衣機都進行處理；第三步，思考如何根治，杜絕相關問題再次出現。廠長要思考的不是如何解決毛刺，而是如何不讓毛刺產生；並且，透過這個事件，也暴露出了企業管理各方面的問題，如員工培訓、訊息回饋、說明書、管理能力等諸多環節上都有問題，應該做到舉一反三，徹底清查、全面整治。

這件事情如果放到一般企業當中，恐怕就會被忽略掉，但是海爾沒有。海爾沒有看這件事情的表面，而是看背後產生這些問題的原因，最後在進行根本解決，這就是系統思維。

當問題發生時，通常人們會怪罪於某些人或某些事。但其實這些問題或危機，常常是因為人們所處的系統結構所造成的而不是由於外部的原因或個別的錯誤。即使是非常不同的人，當他們置身於相同的系統當中，都會產生類似的結果。所以不要怪罪人，怪罪的是組織系統不夠科學和完善。

5.3
建構系統領導力的三個層級

為什麼一隻大雁不可以單獨飛到南方而一群就可以了呢？因為雁群構成了一個系統，出現了只有系統才會誕生出來的「整體湧現性」。系統的威力是巨大的，領導者若透澈了解系統，「無為而治」自來。接下來，我就用鳥類裡的頂級系統 —— 雁陣來逐條梳理分析系統的構成。

系統領導力建構第一級：要素

★ 系統構成的基礎是要素

沒有要素，構不成系統。

大雁在越冬南飛的時候，都會以團隊的形式出現，其中每一隻大雁都是構成系統的要素。

這裡要說明的是，在真正的系統構成中的要素單獨存在是沒有意義的，只有組合起來才能夠發揮其作用。比如筆帽單獨存在沒有用，當和筆組合在一起，才能夠造成保護筆尖的作用；鑰匙單獨存在沒有意義，只有匹配上那把鎖，其價值才能展現，如果鎖壞了，鑰匙也就失去了價值；再比輪胎和汽車的關係、APP 和手機的關係、工人和工廠的關係……總之，要素是因為存在於系統中才有價值和意義，單獨存在不稱其為要素。

★確定要素的注意事項

在對系統要素進行劃分時，一般需要從兩個角度去看事物：

1. 有形的視角。即從有形的角度看待事物，然後對事物有形的系統進行劃分。
2. 無形的視角。這就要我們從無形的角度看待事物，對事物無形的系統進行劃分。

一個事物是具有多層次的，不同層次事物的系統模式也不相同，人們對一件事物的認知程度越深，理解的層次越多，就會發現其系統越趨於無形，進行劃分的難度也就越高。比如一篇文章我們如果從有形的角度去看待劃分，那就很容易的可以將它分成開頭、中間、結尾這三個部分。但是如果要更深層次的了解這篇文章，從深層次的角度來劃分，就要從無形的角度進行。從無形的角度我們可以將文章劃分為中心思想、表達形式、具體內容這三個部分。

此外，一些事物本身就是由有形要素和無形要素兩種共同構成的，在對這種事物進行劃分時，就要特別仔細，因為之在劃分這類事物時，很容易遺漏或者是混淆。比如我們劃分一場戰爭。戰爭作為一個系統，其有形因素包括士兵、裝備、補給、陣地等等；其無形因素則包括部隊的士氣、採用的策略、軍種的配合等等。戰爭系統就是由這兩類因素綜合在一起才構成的。所以，領導者在建構組織系統的時候，也必須要明白：企業經營本身也是由有形要素和無形要素共同建構而成，在建構系統時必須對這兩方面都要加以重視。

系統領導力建構第二級：連繫

沒有連繫的要素，發揮不了作用。

大雁南飛的時候，不是湊成一夥去飛，而是前面一隻大雁在飛行的時候，後面的一隻必須緊緊的跟著飛行。這樣，飛在前面的大雁拍動翅膀就可以幫後面的大雁減少 40% 的阻力，這樣輪流下來，每隻大雁每天都能比自己單獨飛行多出 40% 的距離。是因為大雁個體與個體之間的連繫性，讓整個團隊都增強了力量。連繫性讓系統發生了 1 ＋ 1 大於 2。

有兩位住在小城鎮上陶瓷的工匠，一個叫馬修，一個叫湯姆。因為小城鎮上沒有多少需求，所以他們過著貧苦的生活。一天他們聽說住在大城市中的有錢人非常喜歡陶罐，因此他們就決定做出優質的陶罐拿到大城市當中賣。

經過一段時間的忙碌，他們終於做出了理想品質的陶罐。他們不斷的想像著當自己拿著陶罐到大城市之後，陶罐被有錢人瘋搶，他們因此就過上了富裕的生活。於是他們立刻僱了一艘貨船，將所有的陶罐放到船上，向大城市出發。

沒有讓他們想到的是，貨船在航行的途中遭遇了大風暴，雖然貨船從風暴中僥倖的倖存了下來，抵達了目的地，但是他們運輸的陶罐卻全部成了碎片，他們幻想的富裕生活隨之破滅。

這時，馬修決定現在大城市裡找個旅店住下來，畢竟歷經辛苦來到這裡，雖然陶罐都破碎了，但是也應該在這裡轉一轉，好增長一些見識。而此時的湯姆卻十分傷心，他說：「我們辛苦做出的優質陶罐全都碎了，我現在根本沒有心思去城市裡轉。」

馬修對湯姆說：「我們的陶罐全部都碎了，這本來就是一件非常讓人難過的事情，如果我們因此一直傷心下去，那不是一件更難過的事情？」

湯姆聽了馬修的話之後，覺得非常有道理，於是決定第二天和馬修一起去城市裡轉轉。

結果在城市裡轉的過程中，他們意外的發現，城市裡很多有錢人都喜歡用陶瓷裝飾牆面，而他們使用的材料和自己做陶罐的材料非常相似。於是他們索性將所有的陶罐碎片砸得更碎，然後做成裝飾牆面的材料，再賣出去。

這樣一來，他們不但沒有因為陶罐全部破碎而虧本，反而因此銷售裝飾牆面的材料賺了很多錢。

當破碎的陶罐沒有和城裡的牆壁裝飾物連繫到一起時，破碎的陶罐只是廢品。而案例主角在城裡轉轉的過程也是尋找連繫的過程，透過把破碎的瓷片和裝飾物連繫到一起，他們實現了破陶罐從廢品到裝飾物的增值。

現實中，我們所使用的電腦也是這個道理。很多人喜歡自己去 3C 商場裝配電腦，這裡買個主機板，那裡買個記憶體等等，從性價比最高的角度出發去買來的零組件，組裝起來的電腦效能一定是最優嗎？當然不是。因為自己組裝電腦的弊端是：只考慮到了一個問題 —— 要素，而忽略了要素與要素之間的連繫性，單獨最優不見得組合之後依然可以發揮最優的價值。領導者建構組織系統亦是同理，不需要追求最優的人才個體，而是讓現有人才組成個體的最佳組合。企業都是由諸多不同的個體組成的集合，但企業的整體能力並非所有個體能力的簡單相加。可能等於也可能大於或小於個體能力的總和，關鍵是個體之間的組合與合作程度。在企業發展越來越依賴團隊合作的知識經濟時代，領導者不僅要重視個體能力的培養，更要注重團隊精神的培育，即對個體實施動態管理，進行合理有效的組合，強調個體之間的團結合作。只有這樣，才能產生協同效應，提高組織的工作效率。最佳團體，其實就是個體的最佳組合。

系統領導力建構第三級：結構

大雁南飛的時候，其陣型是有固定隊形的，要麼是「人」字形，要麼是「豎直」型，因為這種結構阻力最小，最適合飛行。至此，我們發現整個雁陣是多麼完美的一個系統，極好的詮釋了要素、連繫和結構是如何構成一個系統，而這個系統又是如何讓每一個平凡的個體，完成了單獨無法完成的任務。

要素透過連繫作用在一起之後就形成了結構，結構就是由要素之間的連繫所構成的。領導者清楚結構了，就對事物的全域性和整體性有所了解。如果結構不清楚，那麼即使對事物的每一個要素都非常清楚，依然還是不知道事物是什麼。這就像是我們讀文章，一篇文章裡的所有文字我們都認識，但是如果我們不知道文字之間的關係是什麼，段落和段落之間的關係是什麼，那我們還是不能理解整篇文章的內容。

系統結構，是指系統內部各個要素之間相互連繫和作用的形式。每一種要素都需要透過結構才能夠發揮出它的作用，如果一個系統沒有結構或者結構不合理，其構成要素就不能有效的發揮其作用。所以，在系統建構中，領導者對結構的了解和掌握非常關鍵。

歷史上有名的田忌賽馬的故事大家都知道，孫臏採取「下駟戰上駟，上駟戰中駟，中駟戰下駟」的策略，對劣勢資源進行合理組合而贏得最終勝利。就像打撲克牌，單張不一定很大，但高手將手中的牌進行組合、搭配、調整順序後，也可以取得勝利。包括領導者制定策略規劃時，也要結合自身優劣勢，將有限的資源配置在關鍵要素上，使之發揮最大的效力。

在系統當中，結構就相當於一個虛系統，它能夠將系統的整體性本質反映出來，因此，和要素以及連繫相比，結構是更重要的概念。在寫作中也經常使用結構這個概念。學習過寫作的人都知道，寫文章首先要做的就是構思大綱，而不是直接提筆就寫。如果一篇文章的大綱混亂無序，那即使它的用詞再為優美華麗，也不可能成為優秀的文章。而大綱在文章中造成的作用就是確定結構。所以，領導者要建構一個系統時，首先需要考慮的就是系統的整體結構，當結構確定了之後，要素填充進系統中就是一件非常順暢的事情了。可是讓人遺憾的是，很多領導者在實際工作中並不願意先全盤考慮事情，而是習慣先去做，然後一邊做一邊進行改正。這種做法在初期時可能會有較高的工作效率，但是到了中後期，因為缺少全面性的考慮，整件事情沒有一個完整合理的結構，就會爆發出大量的問題，最終耗費了大量的時間和金錢，卻得到了一個錯誤的結果。這就好比建房子，如果不提前考慮結構性問題，結果蓋到了一半或者已經完成了之後才發現地基存在問題，這時能做的只有拆了重建。

領導者在碰到問題時，先考慮問題的整體結構，再去考慮其他因素，這時透過系統思維去解決問題的一條最重要規則。所以說：

★結構決定功能，功能導致結果

世界上最硬的物質是金剛石，最軟的是石墨。而最神奇的是，這兩種物質卻都是碳元素的同素異形體。它們的區別就在於碳元素的排列結構不一樣：石墨的碳分子是平行排列，這種結構就軟；金剛石的碳分子結構是立體六角型排列，這種結構就硬。於是，導致了同樣要素不同結構，結果的巨大差別。

在企業經營中，業務要有業務結構，管理要有管理結構，人員要有人員結構。結構合理，組織的整體功能就放大了。

世界是由人的行為模式構成的，人的行為模式是由心智模式控制的，而心智模式是受相關系統決定的。所以系統改變決定心智，心智決定人的行為，行為導致事件的產生。

當問題發生時，通常我們會怪罪於某些人或某些事但其實這些問題或危機，卻常常是由人們所處的系統結構造成的，而不是由於外部原因或別人的錯誤。即使是非常不同的人，當他們置身於相同的系統之中時，都會產生類似的結果。

系統領導力在實作中的經典運用就是抗倭名將戚繼光。

當年倭寇橫行東南沿海一帶，對人民的安定生活造成了巨大影響。而當時，一名明朝的士兵在「一對一」的情況下，是打不過一個倭寇的，怎麼辦？戚繼光就是運用系統領導的思維，發明出了「鴛鴦陣」，成功解決了明朝士兵戰鬥力低下的問題，橫掃倭寇，幾乎將其掃蕩一盡，成功的實現了「讓平凡的人做出了不平凡的業績」。

西元 1557 年，為對付入侵浙江沿海的倭寇，明嘉靖帝命時任山東登州衛都指揮金事的戚繼光，調任浙江都司充參將，負責抗倭鬥爭。戚繼光到達浙江後，看到明軍紀律鬆弛、兵不習戰的狀況，乃請求建立新的軍隊。

西元 1559 年，他親自到金華、義烏等地招募 3,000 新兵，教以擊刺法。將這支隊伍訓練成紀律嚴明，能征善戰的「戚家軍」。倭寇的活動範圍多在浙閩沿海一帶，慣用重箭、長槍和倭刀作戰。浙閩沿海多山陵沼澤，道路崎嶇，軍隊兵力不易展開，而倭寇又善於設埋伏，好短兵相接。戚繼光針對這一特點，創造了一種新的戰鬥隊形——「鴛鴦陣」。這種以十二人為一作戰基本單位的陣形，長短兵器互助結合，可隨地形和戰鬥需要而不斷變化。鴛鴦陣陣形以 12 人為一隊，最前為隊長，次二人一執長牌、一執藤牌，長牌手執長盾牌遮擋倭寇的重箭、長槍，藤牌手執輕便的藤盾並帶有標槍、腰刀，長牌手和藤牌手主要掩護後隊前進，藤牌手除了掩護還可與敵近戰。再二人為狼筅手執狼筅，狼筅是利用南方生長的毛竹，選其老而堅實者，將竹端斜削成尖狀，又留四周尖銳的枝椏，每支狼筅長 3 公尺左右，狼筅手利用狼筅前端的利刃刺殺敵人以掩護盾牌手的推進和後面長槍手的進擊。接著是四名手執長槍的長槍手，左右各二人，分別照應前面左右兩邊的盾牌手和狼筅手。再跟進的是使用短刀的短兵手，如長槍手未刺中敵人，短兵手即持短刀衝上前去劈殺敵人。最後一名為負責伙食的火兵。「鴛鴦陣」不但使矛與盾、長與短緊密結合，充分發揮了各種兵器的效能，而且陣形變化靈活。可以根據情況和作戰需要變縱隊為橫隊，變一陣為左右兩小陣或左中右三小陣。當變成兩小陣時稱「兩才陣」，左右盾牌手分別隨左右狼筅手、長槍手和短兵手，護衛其進攻；當變成三小陣時稱「三才陣」，此時，狼筅手、長槍手和短兵手居中。盾牌手在左右兩側護衛。這種變化了的陣法又稱「變鴛鴦陣」。此陣運用靈活機動，正好抑制住了倭寇優勢的發揮。戚繼光率領「戚家軍」，經過「鴛鴦陣」法的演練後，在與倭寇的作戰中，每戰皆捷。

西元 1561 年 5 月 10 日，大批倭寇竄入街上騷擾搶掠。戚繼光率「戚家軍」，首次排出「鴛鴦陣」法，在鳥銃、弓、弩、火箭的配合下，一舉殺敵 3 萬多人。緊接著在保衛臺州的戰鬥中，戚繼光又以 1,500 人在山林中伏擊倭寇 2,000 多人。待敵人進入伏擊圈後，「戚家軍」又列出「鴛鴦陣」，向敵軍勇猛衝殺，使倭寇頓時全線崩潰，被斬首或墜崖摔死者不計其數。這一年，戚繼光依靠「鴛鴦陣」，大破倭寇於浙江臨海，九戰九捷，使浙江的倭患得到平息。

5.4
建立組織系統的實體策略

如何建立組織的系統？

影響組織系統的變素實在太多了，諸如環境制約、薪酬待遇、工作要求、職業發展等等這些都是變素。領導者不可能控制組織中的所有變素，而且現實中，這些訊息的量一般都大的驚人，所以領導者要學會辨析本末，抓住系統中的支點要素。

★建構組織系統要素之一　　榜樣

榜樣的力量是無窮的。組織透過對榜樣的設定和控制，就能達到強化組織成員行為的目的。因為，對榜樣行為的獎懲會產生對其個人行為的影響和作用。所以，榜樣的設定是系統建構的首要步驟，榜樣的力量影響意識形態。

好和壞都是學來的，用榜樣替代說教

子曰：其身正，不令而行；其身不正，雖令不從。其中強調的就是榜樣的力量。對領導者而言，無論怎樣強調榜樣的作用都不過分，只有以身作則，為團隊、為組織樹立好榜樣，領導者才能組織系統建構明確價值觀和方向。

任何一名員工（尤其是剛剛走出校門踏入社會的新員工），來到一個新的組織，都是帶著一份好奇心來觀察這個組織、帶著一份體驗來感受這個組織。此時的他們就像一張白紙，領導者和組織在上面畫什麼就得到什麼。無論員工在組織裡表現的是好還是差，都不僅僅是他個人的原因，他所處的環境，他面對的上司都給了他重要的影響。再者，今天的現實環境中，對著一個員工耳提面命、反覆強調的做法確實有待商榷了，真正的影響不是言傳而是身教。有句老話：孩子不用教，全靠德行帶。同理，希望員工做什麼，領導者首先做到才更有說服力。

誰是組織中的「最佳榜樣」?

如何在組織中樹立榜樣是門學問。樹立的好，宛如在組織中豎起一面旗幟、掛起一盞明燈；而樹立不好，非但沒有指引的作用，還有可能背離組織立場，讓組織洩氣，甚至引發眾人的不滿。那麼，到底該如何樹立榜樣呢？這裡給出三個原則供參考。

其一，在整個組織當中我們應該樹立最突出、最優秀的人作為榜樣。這樣的人是我們組織的最高標準，要代表我們的組織形象。對組織內部，要像一面旗幟，為組織中所有人作為典範，為組織全員提供指引，供組織全員學習和追趕；對外，要像一扇敞開的視窗，供我們的利益共同體看到組織的現狀，了解組織的標準和價值觀，樹立他人對組織的好感和信心。其二，有了最高標準還不夠，因為榜樣最好、也不應該是一勞永逸的，樹立榜樣的目的是為了讓組織全員動起來。如果僅僅把組織最高的樹為榜樣，那麼，組織裡認為做不到的（尤其是後進者）人就會洩氣，覺得自己差的太多而不願努力。因此，我們還要秉持設立榜樣的「動態法則」，讓組織都要動起來。怎麼辦？在組織中樹立「進步者」為榜樣。不僅要選最優秀者，同時，誰或哪個團隊在組織中進步最大，就應該樹立為榜樣。這樣既可以讓優秀者明白不能「躺在功勞上睡大覺」，還得「百尺竿頭更進一步」，同時又可以讓「後進者」看到希望，明白自己不需要「破罐子破摔」，只要知恥後勇，自己也可以是榜樣。這樣就形成了「兩頭帶中間」的組織動態效應。其三，在組織中每一個不可分拆的單位裡（比如班、組），最好讓每個人都是榜樣。在這裡，管理者可以運用「貼標籤」法，比如選出班、組裡的「智多星」、「金剛」……挖掘出每個人身上的優點，並予以公開樹立。這樣就形成了組織裡人人都看他人的優點，吸取他人特長的良好風氣。

榜樣的外顯形象要盡可能突顯出來

選出來榜樣，是要讓其他人學習的，並且，榜樣也更要接受組織裡其他人的監督。因此，組織要透過佩戴標誌、穿著不同顏色的制服或者在特定區域工作等各種形式，讓榜樣在組織中突顯出來。比如「黃色領騎衫」。這是世界頂級腳踏車賽中常用的手法，用以獎勵賽段冠軍，並將其和其他選手區別開來。第一次穿黃色領騎衫的是車手菲利普．泰斯（Philippe Thys），他說，穿上黃色領騎衫能使他和其他選手明顯區別並鼓勵其他車手超越他。同時，榜樣既是在群眾中來，也要到群眾中去，讓榜樣時時處處在組織中發光，才能更好地發揮作用。

★建構組織系統要素之二 —— 制度

不是「好人有好報」，而是要「好報造就好人」！什麼樣的體制產生什麼樣的人，體制決定了員工的行為。所以，嚴謹制度的創立是建構系統的重中之重。並且，讓員工養成制度意識要遠勝於遵守制度。

怎樣讓制度為系統建構加分

威爾許（Jack Welch）的活力曲線與制度的制定

讀過傑克．威爾許的《致勝：威爾許給經理人的二十個建言》（*Winning*）這本書的朋友們都知道傑克．威爾許任 CEO 的時候，大力推行活力曲線（末尾淘汰法則）。也就是會對員工業績進行考評，業績在前20%的直接加薪，晉升，業績在後10%的，沒有任何藉口和好話可說，直接被辭退。在中間的70%則不變。在這裡，威爾許給了我們一個制定制度的啟示：制度不能一起吃大鍋飯，制度不是照顧大多數人，而是鼓勵並確保讓優秀的人湧現出來。所以，制定制度的時候我們不應該向70%的傾斜，而應該盯緊前面20%的優秀員工。把公司裡面所有人排排隊，20%是最好的，不要吝嗇公司的資源，把所有的都給他們。因為他們是你公司最有價值的人，給他們最好的資源來發揮最大的價值。在員工保留問題上，我們也可以用活力曲線來思考：對20%的明星員工務必創造條件保留，70%的員工可用完善制度系統來保留，10%的問題員工則視情況而定。

對應和平衡是制定制度的關鍵所在

制度的兌現就是獎罰這兩個指標，所以，在制定制度的時候，如何對獎罰的措施進行對應，並且平衡好這兩個指標是關鍵所在。首選是對應，有獎就有罰；組織設定了什麼樣的懲罰條款，也得對應什麼樣的獎勵機制。就像家長對待孩子一樣，如果考試考不好，就得罰孩子怎樣怎樣，反之，如果孩子考得好，超越了家長的期望，家長也需要拿出相應的獎勵措施，這樣才能一方面讓孩子避免考不好的惡果，一方面有能吸引並鼓勵孩子更願意去爭取好的成績。另外，平衡的問題也是組織全面衡量的重點。其中平衡有兩個重要考量：其一，獎罰的比重是否平衡。我們的組織獎罰的比重平衡嗎？好像我在培訓中隨便問問，都是罰的條款比比皆是，獎勵條款卻不多。當然也有些企業文化正好相反的，不主張處罰員工，更提倡如何獎勵，無論獎罰如何，對應起來總是對的。其二，達到和兌現難易程度是否平衡。有的組織獎勵內容很難達到，而處罰內容員工稍有不慎就能「中招」；並且，真正達到了可獎勵的時候，組織兌現起來千難萬難，或拖拖拉拉、遲遲不予兌現，而輪到處罰的時候，說罰就罰，甚至都不用過夜，當場即可兌現。我們說，制度的根本是為了讓員工更好地工作，而不是限制員工的工作，所以，訂立制度時候的初衷和目的領導者千萬要準確掌握。

避免制度阻礙系統建構的三大現象

定額不科學：導致容易完成的工作大家都搶著做，而不易完成的工作大家又都推著做。

計畫不平衡：導致有的人事情多的做不完，而有的人有無事情可做。

考評不統一：做事的牛挨鞭子，無事的牛晒太陽。導致員工認為「做多錯多，不如不做」。

★建構組織系統要素之三 —— 監督

請思考一個問題：高速公路上行駛中的車輛為什麼會經常變速？因為我們的高速都有限速。不管限速 100KM 還是 120KM，總有司機不願意按照規定速限行駛，而是喜歡超速。問題來了，超速是違規的怎麼辦？那就注意聽導航的吧。前面提示有測速照相了，超速的司機會慢下來，按照速限規定安全通過。一旦擺脫了測速照相的監督範圍，又會猛踩油門加速而去。這裡面我看到為什麼有段區間是按規定行駛的呢？是因為這段區間安裝了測速照相。測速照相是什麼？測速照相就是監督系統。

制度確立出來，但沒有監督就是個「擺設」而已。所以，王永慶先生說：「強調什麼就檢查什麼，不檢查等於不重視。」這和我們前面的章節中講領導風格的時候強調的「授權式」道理是一樣的。

★建構組織系統要素之四 —— 獎懲

請問：闖紅燈的，是車多還是人多？這個問題我認為大家想都懶得去想：當然是人多了？那為什麼是人多呢？我們說車和人都要遵守交通安全管理條例，這是毋庸置疑的，既然制度是一樣的，為什麼結果卻不一樣？再者，紅綠燈旁邊也都安裝了攝影機，照理說監督系統也是完善的啊，甚至有時候警察就在馬路邊站著指揮交通，行人該闖紅燈還是會闖。為什麼？只因為一條：處罰標準不一樣！車之所以不敢闖紅燈是因為真罰，而恰恰相反，人之所以敢闖紅燈，是因為真不罰！由此，我們看到了：只有「制度有力＋監督有力＋獎罰有力」，才能確保組織系統的有力。

領導者在推行獎罰的時候，還有許多方法和原則需要釐清。

1. 獎懲都要在約定的第一時間兌現。

籃球賽場上為什麼不是每一節比賽結束後顯示比分情況，而是只要進球就要及時顯示比分？這就是結果的激勵作用。無論獎懲，兌現的越及時效果才會越好，激勵作用越明顯。事後人都麻木了，再來兌現獎懲，不僅效果打折，還容易引起其他不良反應。尤其是事候兌現懲罰，會讓當事人有「對人不對事」的感受。他會認為都過去的事了，為什麼還要再提起呢，或者讓當事人再次引發不當情緒。

2. 獎懲都要在兌現的第一時間大張旗鼓地舉行。

獎懲都是手段，造成對組織內其他人的影響才是目的。所以，兌現獎罰的時候，不僅僅是針對當事人，更要把為什麼獎罰的原因和道理在組織中公布出來，也要透過造勢，讓組織中的人都了解對事情的處理，引發大家的思考。必要的時候，還可以請大家一起討論，引發更深入的效果。

3. 獎要捨得，懲要狠心。

領導者既然要做獎罰了，就希望見到效果。而效果是否能展現出來，要看獎罰本身對當事人及組織的影響程度。毫無疑問，重獎重罰一定比小打小鬧發揮作用。領導者捨得去獎勵，員工才願意努力去爭取；領導者狠下心來治理，員工才會望而生畏。

4. 獎小取信，罰上立威。

領導者要有威信。威信，有威還要有信。如何樹立信用呢？秦國的商鞅變法給了我們一個很好的借鑑。商鞅準備變法之前，他擔心老百姓對法令沒有足夠的信任，於是命人在南門立了一根二丈的木桿，公告說：「如果有人能把木桿移動到北門就給予十金的獎勵。」老百姓覺得移動小木桿就給金子，這個事情很奇怪，沒人敢動手。商鞅就把獎金增加到五十金。後來有個人把木桿移到了北門，真的當場就得到了五十金的獎勵。於是大家對商鞅信心大增，對他提出的主張、下達的指令都特別信服。這個策略叫做「賞小取信」。賞大不取信，必須要賞小。人們的心理是這樣的：大家都覺得，大成績、大事業得到回報是理所應當的，領導者獎勵大成績、大貢獻，本身就順理成章。所以這種獎勵對群眾的影響不大，造成的宣傳示範作用也不大。而小事情就不一樣，小事情不起眼，容易忘記、容易忽略，只要對容易忽略的細節表現出足夠的重視，就一定能取得大家的關注，從而造成足夠的示範作用，讓群眾信服。而要樹立威風，最有效的手段就是透過處理一個典型來鎮服眾人。這個典型應該是一個什麼樣子的人呢？孫子斬妃子和司馬穰苴斬莊賈的故事都給了我們一個很好的答案 —— 處理那些在組織中有地位、有權勢，分量高的人。假如有個新來的主管要給一群大象當領袖，為了震懾這些大傢伙，這位新主管威風凜凜從地上抓起一隻螞蟻，然後當著這群大象的面把螞蟻狠狠捻死了。這樣不但不會造成震懾效果，大象還會嘲笑他的軟弱。相反，如果給一群螞蟻當領袖，上來就當眾捻死一頭大象，那麼螞蟻一定會特別信服主管的威嚴。所以，我們應該捻死大象給螞蟻看，只有處罰了有分量的人，才能造成震懾的效果。這個策略叫做「罰上立威」。注意：罰下不能立威。新官上任當天就把門口看腳踏車的保全給罵哭了，這根本沒有樹立威信的作用，相反只能被大家嘲笑。只有處罰有足夠分量的對象，才能有成效。

★建構組織系統要素之五 —— 文化

領導者在系統建構中，最重要的要素就是最後這一個 —— 組織文化。文化可謂是領導者自身的延伸和投射，可以說，領導者什麼樣，組織文化就是什麼樣。並且，組織文化對組織系統上述四個要素都有重要的支撐作用，沒有文化做基礎，前面的要素就是無源之水、無根之木。同時，文化是透過對制度的累積和沉澱得到的結果。制度是硬的，文化是軟的，領導者只有軟硬兼施才能確保系統有力。

員工對組織文化由認知到認同，再到自覺踐行，有一個從不自覺到自覺、從不習慣到習慣的過程。對於領導者而言如何讓員工認同組織文化，並轉化為自己的實際行動，是建構系統的成敗關鍵。組織文化需要經過「顯化於物、內化於心、外化於行、固化於習」四個階段的依次推進，透過「理念故事化、信念人格化、案例身邊化、操作流程化、規定制度化、執行垂範化、平臺實物化」的「七化」措施，將組織的要求展現到文化的載體上，才能有效落實並發揮作用。並且，組織文化只有落實才能轉化為能量，才能保障對系統中其他要素的支撐效力。對文化而言，落實比設計更為重要！

第六章

以願景激勵人心

6.1 塑造激勵人心的願景

領導者就是希望的經營者

通向未來的道路沒有坦途，荊棘叢生，並且沒有路標，也沒有地圖。因此領導者要像探險一樣做好準備。探險家還有指南針來定位，領導者只能依靠夢想來導航，領導者要展望未來，用思想的利劍劃破暗夜，讓同行者看到光明，看到目的地的各種美好景象，來引領人們奮勇前進。

如果你現在在一條大霧瀰漫的平坦公路上開車，你不可能開的很快，因為你看不清方向，看不準道路。當一個團隊或者團隊的領導者迷茫的時候，就是這個團隊業績下滑最厲害的時候。領導者的目光越長遠，其目標越清晰，下屬和團隊的動力才會越足。

現在假設你還是在上面那條平坦公路上開車，區別就是現在大霧已經全部消散了，這時你開車的速度就會有大幅的提高，和之前產生明顯的區別。

這就說明一個道理，當你和你的團隊目標清晰的時候，你們所有人工作都會全力以赴。而當你和你的團隊目標比較模糊的時候，前進就會像是在大霧中開車，速度無法提升，只能緩慢前行。

當你在公路上開車時，突然來了三分鐘熱風，將一張報紙刮到了你的前擋風玻璃上，你會怎麼去做？相信所有人都會選擇剎車。這就表示，當一個人或者團隊根本沒有目標的時候，他就會止步不前。

無論是個人還是團隊，目標越清晰動力就越充足。在生活中，當你確立了清晰的目標，你才能為之去奮鬥。而對於一個團隊也一樣，領導者一定要將自己的願景清晰的告訴給你的員工，讓員工看到的願景越清楚，他們的動力才會越充足。

領導者就是希望的經營者 —— 拿破崙

什麼是願景？從字面上看，我們可以將它理解為原本就儲藏在我們心中的美好景象。所以願景不是設計的，不是製造的，而是挖掘的，所以，領導者要把心中的美好景象挖掘出來。一個領導者對未來希望、夢想沒有任何想法，那麼這個人就不可能領導他人。

而如果這個願景還是大家共同的願景，這就太棒了。所以說共啟願景，開啟的是組織全體成員的共同願景。

共同願景的偉大力量

領導者提出的願景能夠成為團隊的共同願景的話，它一定是你的組織未來的目標任務和使命，它一定是全體成員發自內心的願望，於是它可以將人們緊密的連繫在一起。

當然，並不是一個成為願景家的領導者就是優秀的領導者。願景家不是領導者，如果他不能激發下屬的鬥志；動力維持者也不是領導者，如果他不能創造出共同的願景。

領導力培訓課只能教授相關的理念和技巧，不能教授人格或願景，而這些，才是領導者真正創造自己的方式。

熱情是對職業、專業的特殊熱情，領導者愛自己所做，做自己所

做，散發著熱情的領導者可以給他人帶來希望和鼓舞

人們首先認同的是領導者，其次才是願景。如果他們信任領導者，就會支持領導者所信仰的願景，如果人們不信任領導者，那麼不管願景有多麼美好他們都難以相信和認同。

一位有願景的領導者，將會具有一種能力，既立足於現在，且明確陳述未來的前途。他知道自己要去哪裡，也能溝通一群人和他共往，並具備中途修正的彈性。於是，集結更多力量，對要奉獻的事物（願景）做出真心承諾。在此，他應具備三種基本能力：

理清個人願景的能力

聆聽和探詢別人願景的能力

彙集共同願景的能力 d 日常工作的壓力很快就會沖淡甚至沖毀先前的願景。因此，領導者必須不斷地重申與強化其願景中的精華部分。當然，這麼做的挑戰在於，如何使這些訊息每一次都附有心意和激動人心。

領導者要把其他人帶到共同的願景中。要做到這點，領導者一定要了解其追隨者，用他們的語言說話。要讓人們相信，領導者心中了解他們的需要和想法。

如果你想做領導者，那就要知道周圍的人都需要什麼，期望你做什麼，這點很關鍵。

你能給予他人最好的禮物就是讓他們相信他們可以比自己想像的做得更好！限制組織願景實現的最大的障礙是沒有人把它大聲地說出來。一旦你這樣做了，它就會產生雪崩效應，持續在組織中產生連鎖反應。

共同願景的要素

通俗地說，一個願景既要有工作目標，也要有生活目標，同時既要

有組織要求，也要有個人需求。只有將這個方面全部滿足了，這才能夠叫願景。

即使在同一個組織當中，因為層級不同，其內部共同願景也有所不同，具體可以分為三層：組織大願景；團隊中願景；個人小願景。這是因為不同層級的領導者所承擔的責任有所不同。我在這裡提供一個非常典型的組織不同層級的共同願景案例：

航運集團共同願景：建設國際航運中心，構築人才高地；營建平安和諧家園，打造卓越品牌。

航運集團內公司共同願景：建設世界最大礦石中轉基地和國內一流的炭中轉基地，打造平安和諧幸福家園。

公司內小組、班共同願景：裝船隊共同願景：建立沿海最知名裝船品牌；維修班共同願景：人人有絕活，時時保暢通；執行班共同願景：練絕活出精品，創高效做第一。

個人願景是個人心中的美好景象，但即使組織中個人所持有的願景相同，但是沒有經過溝通和分享，依然不能算是共同願景。

真正的共同願景是經過組織成員相互之間的溝通和交流之後才形成的，它能夠為組織提供焦點和能量。就像是將放大鏡放到陽光下，透過聚焦就能夠讓陽光聚集在一點，產生遠高於普通陽光所能產生的能量一樣。

領導者能夠將尋找願景當做是自己的任務這是一件好事，因為事實的確如此。但是一部分領導者錯誤的認為尋找願景是自己的一個人的事情，他將會獨自去尋找團隊的願景。

很明顯這是錯誤的想法，這樣得到的共同願景也不是團隊成員所希望的。每一個團隊的成員都希望的自己的領導者能夠意識到尋找共同願景當成是責任和任務，但是他們不希望領導者將他個人的願景強加到自己的身上，他們不想看到領導者將個人願景當做是團隊的共同願景。因為團隊成員希望在未來看到自己的願景被實現，自己的希望和夢想被達成，他們希望自己也能夠出現在了領導者展示的團隊未來美好景象之中。這就說明優秀領導者的任務不是尋找願景，而是共啟願景，而不是僅僅是將他們個人願景當成是團隊願景。

共同願景最大的作用就是可以將團隊所有人的力量聚焦起來。領導者想要每一位團隊成員都能夠看清楚自己未來的道路，就必須向他們描繪一個足夠引燃他們熱情的景象。雖然領導者手中擁有權力，但是也無法強迫團隊成員去自己不想去的地方，實現自己不想實現的願景。這就要求團隊共同願景要有足夠的吸引力，能夠讓每一個人都感覺它和自己息息相關，這就需要領導者去傾聽他們的聲音，了解他們的希望。

共同願景的實現通常不是一件容易的事情，可能需要數年的時間，所以領導者要讓自己團隊中的每一位成員都足夠關注團隊的未來，因為願景不是一項工作任務，而是整個團隊的事業。無論領導者帶領的團隊規模有多大或者有多小都是如此。

共同願景並不是一種抽象的東西，而是具體的能夠激發所有成員為之奉獻的願望，它應該呈現五個特質：

1. 理想：願景是希望，是夢想創造奇蹟，是領導者渴望卓越的奮鬥追求。願景告訴領導者及其追隨者：我們應該追求的崇高目標是什麼？
2. 獨特性：願景應該是獨特的，是把領導者及其團隊和其他人區別開來，使我們與眾不同的重要因素。它不是讓領導者和大眾一樣，而是顯得我們別具一格、卓爾不群。
3. 場景化：用生動感性的文字和語言來描繪我們的未來，領導者的用詞越是影像化，語言描述越是具體和形象，越會讓人們進入一幅幅的畫面中，而當人們隨著領導者的描述進入這一個個身臨其境的場景中，領導者的願景就會令人難忘，讓人熱血澎湃。

4. 面向未來：願景描述的是令人激動的未來圖畫。如果它描述的是當下已經存在的事物，那就不是願景而是現實。願景必須是對未來的憧憬和展望，它要拓寬領導者的視野，放飛領導者和團隊共同的夢想。

5. 共同利益：願景必須是團隊共同才有價值，它培養的是領導者和團隊共同的命運意識。願景不僅僅是領導者一個人的夢想，更要是團隊、組織和利益相關者共同的夢想。領導者必須透過願景告訴追隨者，他們的利益如何得到保障，他們在願景的意義和作用，以及他們如何是願景中的一部分，只有這樣才能把大家都融入到共同願景之中。

同時，願景要和使命、價值觀共同構成領導者的「領導哲學」。

願景：願景就是燈塔，燈塔為組織照亮前程，指明方向，也是組織期望達到的里程碑。

使命：使命是聚焦鏡，只有將使命了解清楚，才能夠將力量集合起來，這也是組織存在的意義和價值。

價值觀：價值觀是羅盤，是組織的宗旨和行為指南，引導組織沿著正確的路線前進，不會出現走偏。

只有這三個要素結合起來一起發力，才能夠將組織打造成一個精神共同體。

如果一個組織將利益和員工綁在一起成為利益共同體，再把精神和員工綁在一起成為精神共同體。

而一個組織將利益共同體和精神共同體合起來，你才能讓員工和你成為一個事業共同體。

在這裡我將國內外一些優秀企業願景寫出來給大家參考：

福特 —— 製造大眾買得起的汽車來提升行動便利；

波音 —— 領導航空工業，永為先驅；

迪士尼 —— 給千百萬人帶來歡樂；

索尼 —— 體驗科技進步從而促進公眾利益發展的快樂；

惠普 —— 至力於科技的發展以提高人們的生活品質；

沃爾瑪 —— 為普通人提供與富人們購買相同物品的機會。

偉大的組織之所以偉大，就是因為他們有著一個偉大的共同願景，能激發出強大的力量，在遭遇混亂或阻力時，繼續遵循正確的路徑前進。

制定願景與貫徹的 4 個步驟

哈佛大學的一位心理學教授曾經說過：「人類是唯一能夠思考未來的動物。」是的，這就是人類和普通動物的最大區別之一，人類透過大腦對於一些超乎現實的對象和事情進行想像，這種獨特的功能讓人類能夠設想未來，而對於領導者來說這種功能也非常的重要。

根據調查，能夠設想未來是員工願意跟隨領導者的重要原因之一，同時設想未來的也是領導者和普通員工之間最大的不同。不過可惜的是還是根據調查，大多數領導者用於設想未來的時間只占據全部工作時間的 3%，這是一個相當低的比例。所以我們的領導者需要在這方面花費更多的時間和精力。

我曾經問過很多領導者他們的願景是如何得到的，雖然這些領導者都有自己的願景，但是對於這個問題他們卻很難回答。想要說清楚願景是如何獲得確實不是一件容易的事情，因為願景獲得的過程是一個自我探索創造的直覺和情感的過程，並且這個過程通常沒有邏輯性可以追尋，領導者只是非常強烈的想要獲得某種東西，出於對這種東西的渴望，領導者開始了更深入的探索。

願景就像是一篇文章的主題，是文章作者想要傳遞給讀者的核心思想，無論什麼時候當人們提起這個核心思想時，就會想起整篇文章。因此領導者也需要這樣的一個主題，讓周圍的人透過這個主題就知道自己所做的一切意義在哪裡。

領導者應該如何發現主題呢？在這裡管理者需要思考幾個問題：

1. 有哪些事情是在你腦海裡經常出現的？
2. 有哪些訊息對你來說是最重要的？
3. 什麼想法或者東西是讓你難以割捨的？
4. 你希望自己的團隊成員在思考未來的時候想到什麼？

雖然問題數量不多，但是這四個問題對於領導者來說卻並不怎麼好回答。不過不用擔心，領導者可以透過其他方式來提高自己找到願景主題的能力，這就需要我們回顧過去；發現主題；設想未來；引發想像，而提高能力的過程就是願景制定和貫徹的過程。

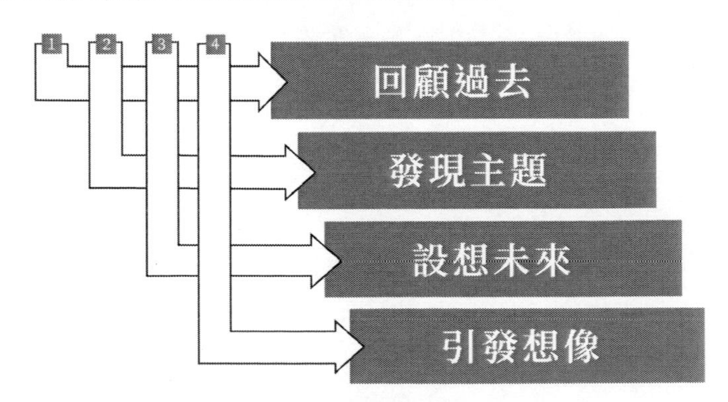

圖：制定願景與貫徹的 4 個步驟

願景的制定和貫徹分為四個步驟：

1. 回顧過去
2. 發現主題
3. 設想未來
4. 引發想像

回顧過去

這看起來似乎有些矛盾：在設想未來的願景時，領導者首先必須是回顧過去。回顧過去可以讓領導者擺脫當下的侷限性，幫你更好地反思你做企業帶領團隊的初衷：你當初的目的是什麼？當初的動機和願望是什麼？領導者能夠從過去中發現自己的人生是多麼的豐富多彩。在回顧過往的酸甜苦辣時，也就極大地豐富了領導者對未來願景細節的設想，更容易理解深藏在物質世界下面的主題，這些回顧反而可以讓領導者對未來看得更真更遠。只有在回顧過去的基礎上，領導者才可以更好地認清自己的理想、信念和主題，以便決定未來到底什麼事重要，為什麼一定要實現某些願望。

回顧過去能夠幫助我們揭示未來。對於領導者來說，在制定團隊共同願景之前首先要回顧過去的工作，然後才能更好的設想未來。只有過去和未來兩面都看到了，領導者才能發現更多的可能性機會，如果僅僅看到其中一面，則可能性機會就會減少很多。

這是因為過去是未來的開始，當領導者在回顧過去的時候，其實已經和未來產生了連繫。這時領導者就能夠從過去找到美好的回憶，同時對未來也將充滿了期待。在追憶過去的酸甜苦辣的種種時，也讓領導者對未來細節的設想變得更加豐富，也就能夠更容易發現了領導者所一直追求無法割捨的主題。

當然，這並不是說過去可以和未來劃上等號，回顧過去就像是我們在開車的時候每隔一小段時間就需要看一眼自己的後視鏡。當領導者回顧完自己的整個過去之後，才能更好理解自己，知道自己想要的究竟是什麼。而在設想未來的時就不會面對未來心中一片茫然。假如讓我們想像一個自己從沒有去過的地方這是一件非常困難的事情，所以在設想未來之前先回顧過去有非常重要的意義。

發現主題

設想未來需要我們回顧過去，同時也需要我們環顧四周，了解自己周圍發生了什麼；去關注團隊成員；傾聽團隊成員的聲音；知道他們關心的是什麼；他們需要的是什麼；面前的障礙是什麼；他們希望團隊整體做出什麼樣的改變；還有什麼問題一直都沒有被發現……

所有人都應該知道拼圖遊戲，領導者在當下所看到所了解的一切都像是一個個小的拼圖碎片，領導者要做的就是將這些碎片拼成一副完整的圖畫，拼出未來願景的主題。

願景是理想但不是空想，並且也不是漫無目的，所以，勾勒願景的時候是要按照領導者所拼出來而對主題進行。這個主題是領導者的定位和使命，讓領導者聚焦於想要實現的結果，以及自身和所創造組織存在的意義和價值。

設想未來

當領導者找到主題之後，就必須抬頭眺望遠方，領導者必須展望未來，密切關注科技、經濟、政治、產業趨勢、時代發展等組織內外部各方面的變化和趨勢，必須從眼前預見到未來將會發生什麼的可能，並對組織和追隨者詳盡描繪出生動的畫面。一些研究顯示，設想未來的領導者更能夠吸引和激發追隨者的努力、凝聚團隊，最大化的創造個人和組織的業績。

作為一個團隊的領導者，除了對當下的掌控之外，還需要更加關注團隊的長遠發展。至於一個領導者看到多長遠，這沒有一個具體的時間標準。而根據研究發現，能夠更多關注團隊長遠發展是一個優秀團隊領導者必備的素養。

所以領導者必須要用大量的時間來設想未來，走在時間的前面規劃未來。看到未來的發展趨勢，和團隊成員共同討論未來的發展。

引發想像

想像催生熱情。願景的最大作用就是聚焦人們的能量，領導者透過描繪想像向追隨者傳遞一個崇高的未來和激動人心的願景，以催人奮進、讓人們為之付出持之以恆的努力。

當一個人沒有熱情的時候，他看不到未來存在的機會，所以領導者想要制定出團隊美好的願景，就必須深刻感受到自己內心的熱情。領導者需要尋找到一個對自己非常重要的東西，為了這個東西領導者願意花費大量的時間和精力，面對重重的困難，甚至做出一定的犧牲。

多年以來，有關人類行為動機的研究一直都在持續。根據現有的研究，人類的行為動機可以分為兩種，一種是內在動機，一種是外在東機。一個人做事情的動機來源於外界，這種動機就是外在動機。在企業中最為常見的就是各種物質獎勵。而內在動機則是源於自己內在的渴望，比如一個人為自己心中的理想行動。

而根據研究，外在動機雖然很容易讓人服從，但同時也很容易讓人感到厭倦或者是反抗。比如當一個人習慣為獲得金錢獎勵而行動時，一旦失去了這種獎勵，那麼他就會停在原地不再行動。而內在動機則能夠取得較好的結果，甚至遠超領導者的想像。對於那些受到內在動機而行動的人來說，即使完成一件事情得不到任何物質方面的獎勵，他們依然不會放棄，努力朝著目標前進。

引發想像就是為了啟用團隊成員的內在動機，讓他們充滿熱情的去工作，即使實現願景是一個相當漫長而又艱難的過程，他們可能需要承受長時間辛苦的工作，可能得不到豐厚的物質獎勵，但是這一切都無法阻止他們對工作的熱情，一切都只為了願景的實現。因為領導者讓他們看到了一個美好的未來景象。

最後讓我們一起讀一讀歷史上著名的願景宣言——〈我有一個夢想〉，看這篇至今讀來依然令人振聾發聵的文字是如何名垂青史的，其中的魅力何在？

〈我有一個夢想〉（I have a dream）是馬丁·路德·金恩於 1963 年 8 月 28 日在華盛頓林肯紀念堂發表的著名演講，內容主要關於黑人民族平等。對世界影響很大，並被編入國中教程。

今天，我高興地和大家一起參加這次將成為歷史上為爭取自由而舉行的最偉大的示威集會。

100 年前，一位偉大的美國人——今天我們就站在他象徵性的身影下——簽署了《解放奴隸宣言》。這項重要法令的頒布，對於千百萬灼烤於非正義殘焰中的黑奴，猶如帶來希望之光的碩大燈塔，恰似結束漫漫長夜禁錮的歡暢黎明。

然而 100 年後的今天，我們必須正視黑人還沒有得到自由這一悲慘的事實。100 年後的今天，在種族隔離的鐐銬和種族歧視的枷鎖下，黑人的生活備受壓榨。100 年後的今天，黑人仍生活在物質充裕的海洋中一個窮困的孤島上。100 年後的今天，黑人仍然蜷縮在美國社會的角落裡，並且意識到自己是故土家園中的流亡者。今天我們在這裡集會，就是要把這種駭人聽聞的情況公諸世人。

就某種意義而言，今天我們是為了要求兌現諾言而匯集到我們國家的首都來的。我們共和國的締造者草擬憲法和獨立宣言的氣壯山河的詞句時，曾向每一個美國人許下了諾言，他們承諾所有人 —— 不論白人還是黑人 —— 都享有不可讓渡的生存權、自由權和追求幸福權。

就有色公民而論，美國顯然沒有實踐她的諾言。美國沒有履行這項神聖的義務，只是給黑人開了一張空頭支票，支票上蓋著「資金不足」的戳章後便退了回來。但是我們不相信正義的銀行已經破產，我們不相信，在這個國家巨大的機會之庫裡已沒有足夠的儲備。因此今天我們要求將支票兌現 —— 這張支票將給予我們寶貴的自由和正義保障。

我們來到這個聖地也是為了提醒美國，現在是非常急迫的時刻。現在絕非奢談冷靜下來或服用漸進主義的鎮靜劑的時候。現在是實現民主諾言的時候。現在是從種族隔離的荒涼陰暗的深谷攀登種族平等的光明大道的時候，現在是向上帝所有的兒女開放機會之門的時候，現在是把我們的國家從種族不平等的流沙中拯救出來，置於兄弟情誼的磐石上的時候。

如果美國忽視時間的迫切性和低估黑人的決心，那麼，這對美國來說，將是致命傷。自由和平等的爽朗秋天如不到來，黑人義憤填膺的酷暑就不會過去。1963 年並不意味著鬥爭的結束，而是開始。有人希望，黑人只要發發脾氣就會滿足；如果國家安之若素，毫無反應，這些人必會大失所望的。黑人得不到公民的基本權利，美國就不可能有安寧或平靜，正義的光明的一天不到來，叛亂的旋風就將繼續動搖這個國家的基礎。

但是對於等候在正義之宮門口的心急如焚的人們，有些話我是必須說的。在爭取合法地位的過程中，我們不要採取錯誤的做法。我們不要為了滿足對自由的渴望而抱著敵對和仇恨之杯痛飲。我們鬥爭時必須永遠舉止得體，紀律嚴明。我們不能容許我們的具有嶄新內容的抗議蛻變為暴力行動。我們要不斷地昇華到以精神力量對付物質力量的崇高境界中去。

現在黑人社會充滿著了不起的新的戰鬥精神，但是不能因此而不信任所有的白人。因為我們的許多白人兄弟已經認知到，他們的命運與我們的命運是緊密相連的，他們今天參加遊行集會就是明證。他們的自由與我們的自由是息息相關的。我們不能單獨行動。

當我們行動時，我們必須保持向前進。我們不能倒退。現在有人問熱心民權運動的人，「你們什麼時候才能滿足？」

只要黑人仍然遭受警察難以形容的野蠻迫害，我們就絕不會滿足。

只要我們在外奔波而疲乏的身軀不能在公路旁的汽車旅館和城裡的旅館找到住宿之所，我們就絕不會滿足。

只要黑人的基本活動範圍只是從少數民族聚居的小貧民區轉移到大貧民區，我們就絕不會滿足。

只要我們的孩子被「僅限白人」的標語剝奪自我和尊嚴，我們就絕不會滿足。

只要密西西比州仍然有一個黑人不能參加選舉，只要紐約有一個黑人認為他投票無濟於事，我們就絕不會滿足。

不！我們現在並不滿足，我們將來也不滿足，除非正義和公正猶如江海之波濤，洶湧澎湃，滾滾而來。

我並非沒有注意到，參加今天集會的人中，有些受盡苦難和折磨，有些剛剛走出窄小的牢房，有些由於尋求自由，曾在居住地慘遭瘋狂迫害的打擊，並在警察暴行的旋風中搖搖欲墜。你們是人為痛苦的長期受難者。堅持下去吧，要堅決相信，忍受不應得的痛苦是一種贖罪。

讓我們回到密西西比去，回到阿拉巴馬去，回到南卡羅來納去，回到喬治亞去，回到路易斯安那去，回到我們北方城市中的貧民區和少數民族居住區去，要心中有數，這種狀況是能夠也必將改變的。

我們不要陷入絕望而不可自拔。朋友們，今天我對你們說，在此時此刻，我們雖然遭受種種困難和挫折，我仍然有一個夢想，這個夢想深深扎根於美國的夢想之中。

我夢想有一天，這個國家會站立起來，真正實現其信條的真諦：「我們認為真理是不言而喻，人人生而平等。」

我夢想有一天，在喬治亞的紅山上，昔日奴隸的兒子將能夠和昔日奴隸主人的兒子坐在一起，共敘兄弟情誼。

我夢想有一天，甚至連密西西比州這個正義匿跡，壓迫成風，如同沙漠般的地方，也將變成自由和正義的綠洲。

我夢想有一天，我的四個孩子將在一個不是以他們的膚色，而是以他們的品格優劣來評價他們的國度裡生活。

今天，我有一個夢想。我夢想有一天，阿拉巴馬州能夠有所轉變，儘管該州州長現在仍然滿口異議，反對聯邦法令，但有朝一日，那裡的黑人男孩和女孩將能與白人男孩和女孩情同骨肉，攜手並進。

今天，我有一個夢想。

我夢想有一天，幽谷上升，高山下降；坎坷曲折之路成坦途，聖光披露，滿照人間。

這就是我們的希望。我懷著這種信念回到南方。有了這個信念，我們將能從絕望之嶺劈出一塊希望之石。有了這個信念，我們將能把這個國家刺耳的爭吵聲，改變成為一首洋溢手足之情的優美交響曲。

有了這個信念，我們將能一起工作，一起祈禱，一起鬥爭，一起坐牢，一起維護自由；因為我們知道，終有一天，我們是會自由的。

在自由到來的那一天，上帝的所有兒女們將以新的含義高唱這首歌：「我的母國，美麗的自由之鄉，我為您歌唱。您是父輩逝去的地方，您是最初移民的驕傲，讓自由之聲響徹每個山崗。」

如果美國要成為一個偉大的國家，這個夢想必須實現！

讓自由之聲從新罕布夏州的巍峨的崇山峻嶺響起來！

讓自由之聲從紐約州的崇山峻嶺響起來！

讓自由之聲從賓夕凡尼亞州的阿勒格尼山響起來！

讓自由之聲從科羅拉多州冰雪覆蓋的洛磯山響起來！

讓自由之聲從加利福尼亞州蜿蜒的群峰響起來！

不僅如此，還要讓自由之聲從喬治亞州的石嶺響起來！

讓自由之聲從田納西州的瞭望山響起來！

讓自由之聲從密西西比的每一座丘陵響起來！

讓自由之聲從每一片山坡響起來！

當我們讓自由之聲響起，讓自由之聲從每一個大小村莊、每一個州和每一個城市響起來時，我們將能夠加速這一天的到來，那時，上帝的所有兒女，黑人和白人，猶太教徒和非猶太教徒，耶穌教徒和天主教徒，都將手攜手，合唱一首古老的黑人靈歌：

「自由啦！自由啦！感謝全能上帝，我們終於自由啦！」

這篇文字能夠如此令人激奮人心，看出來了嗎，其中所運用的結構就是願景貫徹的四個步驟。並且，馬丁 · 路德 · 金恩運用了大量的排山倒海之勢的排比句，從空間到時間，建構了一幅 3D 立體的宏偉藍圖，讓整個宣言充滿了場景化和畫面感，深入人心，為之振奮！

建構「願景」領導模式

離開願景，任何組織都不可能創造未來，而只能被動應付未來。——詹姆斯・柯林斯（James Collins）、傑瑞・波拉斯（Jerry Porras）：《基業長青：企業永續經營的準則》（*Built to Last: Successful Habits of Visionary Companies*）

「願景」領導模式目標在於給未來描繪出一幅清晰、誘人的藍圖，並讓這幅藍圖印在每個人心裡。

對於一個公司來說，無論怎麼強調願景的重要性都不為過。一個清晰、誘人的願景會讓公司上下方向明確、重點清晰、幹勁十足。

柯林斯和波拉斯這麼評價該領導模式：「一個組織的各個層次都應該設定願景，各個部門也應該在與大局一致的前提下，設定自己的願景。」願景在創造團結氛圍和工作熱情，激發員工的風險精神等方面有著巨大作用。

第一步：向員工簡要介紹為美好未來所描繪的誘人藍圖。

這一步包含兩個關鍵因素：

1. 描繪一副誘人的藍圖。

加拿大最優秀的企業教練之一彼得・延森這麼評價願景：「藍圖是表達行為的語言。我們需要做的就是讓下屬知道，透過努力，他們可以達到什麼樣的理想結果。」藍圖越具體詳盡，下屬就越容易相信該目標可以達到，也就更願意為這個目標而努力奮鬥。和「我們要生產最好自行車產品」相比，下面的願景，更能激勵下屬。

參加世界級比賽的一流自行車手都使用我們的產品。比如環法自行車賽、世界冠軍賽的獲獎選手和奧運金牌得主都佩戴我們的頭盔。我們常常收到客戶的來電或來信說：「謝謝你們的產品，它救了我的命。員工也感到本公司是最適合他們工作的地方。你如果要人們說出自行車產業的一家頂級公司，絕大多數人都會推薦我們。

利用圖形、推理、比喻及案例來構造一幅藍圖是有效地進行「願景」領導的關鍵。

2、藍圖必須是符合員工理想的。

在這裡，「理想」的意思是與公司或部門成員的價值觀和願望產生共鳴。這種共鳴就是願景的力量所在。為整個世界做出傑出貢獻、增長知識、提高人們的生活水準——這些都是人們願意為之奮鬥，願意為之付出努力的事業。任何一個願景，想要激勵員工、團結員工，並維持員工的積極性，它就必須涉及到這些深層次的問題。願景必須是具體的、生動的，必須是所有員工都願意為之奮鬥的。

員工不希望領導者將自己的願景強行加在他們身上，他們不希望只看到了你放到這的願景，他們想要看到的是自己的願景是如何被實現的，他們希望看到自己也能夠出現在領導者對未來所描繪的美好景象中。

同時領導者還要讓每一位員工都關注未來，因此有關「願景」的工作不是一個任務，而是一項事業，它對團隊中的每一個人都充滿了意義。

顯然，這就要求領導者必須深入基層，了解員工的價值觀和願望。在實際情況中，最好的辦法就是讓員工參與願景的制定。

第二步：持續地、上下一致的把願景灌輸給員工。

在一個訊息過剩的環境中，領導者必須持續不斷的把願景灌輸給員工。一般來說，「願景」的宣傳多多益善。領導者應該透過各種方式，在各種場合不斷的重複願景，強調其重要性。

一般來說，願景是透過各級領導者層層傳遞給員工的，所以必須確保願景在傳遞的過程中保持一貫性而不走樣。前後不一致的訊息會讓員工感到迷惑，從而降低願景的凝聚力。作為領導者，必須確保公司上下所傳遞的都是同一個願景。

訊息的一貫性也展現在領導者自身的行為與其所宣傳的願景相一致上。假如，我們假設某一個願景著眼於提高公司對客戶關切和環境挑戰的反應速度，此時，如果你花了 6 個月時間才最終透過一項決策，決定對新產品研發給予資金支持，，那麼該行為就破壞了你之前所設定的願景。一項決策拖延這麼長時間，不管是否有合理理由，大家很可能會感到你前面所宣傳的願景只是空話而已。

第三步：讓員工自由選擇以個人方式還是集體方式達到願景目標。

願景並不規定具體的行為方式，而是激發創造性。它只要求工作重點和目標的統一，而不管具體的指令應如何。領導者當然希望制定一個策略計劃來實現願景，然而，個人或部門被賦予的自主權越大，他們的衝勁就越足，越能夠更好地實現願景。正是從這個角度華倫·班尼斯（Warren Bennis）和約翰·戈德史密斯才提出：「領導者管理夢想。」

在這一步，領導者的基本工作就是幫員工個人和各個部門創造環境，排除障礙，讓他們充分施展才能。在《領導人的變革法則》（*Leading Change*）這本書裡，約翰·科特（John Kotter）列出了阻礙員工創造性發揮的 4 種常見障礙：

1. 與願景相對立的組織結構，效率低下。
2. 員工未經培訓，技能不足，無法勝任願景所要求的新工作。
3. 組織制度與願景不一致，影響員工創新的積極性。
4. 管理者或上司破壞了願景或員工的工作成果。

拆除拆解這四個障礙是該步驟的一個核心功能。

第四步：認可個人和集體在實現願景過程中所做的貢獻。

大部分員工都希望自己的貢獻得到上司認可，這樣他們才能保持較高的工作積極性。特別是當員工在學習新技藝和新的行為方式，其行為有失敗的危險或不被其他人看好時，得到認可的希望就更為強烈。這些情況下，對下屬付出的努力和任何微小的成功進行認可都顯得尤為重要。願景領導者總是尋找一切機會強化那些推動整個公司朝實現願景的方向發展的行為和態度，而強化的最好方式就是公開表彰一切朝實現願景方向努力的集體和個人。

這一步還暗含有另一層含義：要特別注意不要批評和責備員工在實現願景的探索過程中所犯的錯誤。對待員工探索過程中的錯誤，最有效的領導方式是鼓勵他們從失敗中吸取教訓，而非責備他們的失敗。

簡·卡爾森（Jan Carlzon）1980 年代執掌斯堪地那維亞航空公司（SAS）期間，提高員工士氣的同時增加產出和利潤的經歷。

1980 年，SAS 虧損達 2,000 萬美元。此前幾年 SAS 一直在走下坡。高度集中的官僚體制把領導重心放在瑣碎的操作章程、合理化以及生產操作上，這種領導體制已經不能適應當時民航業所發生的巨大變化。民航業解除管制的範圍逐漸擴大，SAS 在許多航線上的壟斷地位不斷遭到其他航空公司的侵蝕，利潤率不斷下滑。1970 年代後期，為了遏制財務狀況不斷惡化的趨勢，SAS 高管層引入了成本控制措施，結果卻使乘客的滿意度下降。1970 年代末，乘客抱怨如潮，SAS 公司形象一落千丈，員工積極性也直線下降。

這就是簡·卡爾森走馬上任 SAS 的 CEO 時的情景。挑戰的嚴峻性自然不言而喻，但是，在他到任的第一年年底，SAS 就盈利 5,400 萬美元。

1983、1984 年 SAS 分別被《財星》(*Fortune*)和《航空運輸雜誌》(*Air Transport World*)評為「年度最佳航空公司」，員工的積極性空前高漲，顧客大批回流，公司利潤一路攀升。

卡爾森的「願景」領導模式是 SAS 轉虧為盈的關鍵因素。用他自己的話說就是:SAS能夠返老還童是全公司2萬名員工為同一個目標持之以恆、艱苦奮鬥的結果。這個目標是什麼？卡爾森把以乘客為中心作為公司盈利的鑰匙，並且給全體員工設立了新目標——全球最好的商務航空公司。

此前，卡爾森就任瑞典國內一家航空公司的CEO時就已經看到了讓員工共同為一個願景奮鬥的強大動力。在公司上下同心同德的鼎力支持下，卡爾森也成功地讓瑞典那家公司航空公司轉虧為盈。那麼，卡爾森是如何獲得大家的支持呢？用他自己的話說:「員工那麼全身心地投入工作，動力是什麼呢？我想，那是因為他們都理解我們的目標和策略。我們跟員工溝通交流，向他們描繪公司願景，他們都很願意承擔責任，來實現這個願景。」

出任 SAS 公司 CEO 期間，卡爾森透過各種管道宣傳自己為公司設計的「願景」:

1. 把每一次乘客與公司的接觸定為「關鍵時刻」，以此提醒員工要盡量讓乘客滿意。
2. 要求員工不斷優化服務品質，提高服務效率。
3. 透過舉辦全公司員工廣泛參與的大型活動來宣傳新願景。
4. 公司 2 萬員工人手一冊《讓我們共同奮鬥！》，宣傳手冊詳細介紹了公司願景。
5. 運用象徵性符號把公司的願景和員工的個人情感連繫在一起。
6. 多找員工談話，向他們解釋公司願景（卡爾森猜想，上任第一年，他花了一半時間和員工談話。）

按部就班的日常工作，大部分員工面臨超負荷訊息（部分是相關訊息，部分是無關訊息）、抓不住重點，時刻調整自己以適應不斷變化的情況 ...... 這一切都要求領導者描繪一幅生動、誘人的願景，並透過員工兢兢業業地工作來實現這個願景。

實現共同願景的層次：

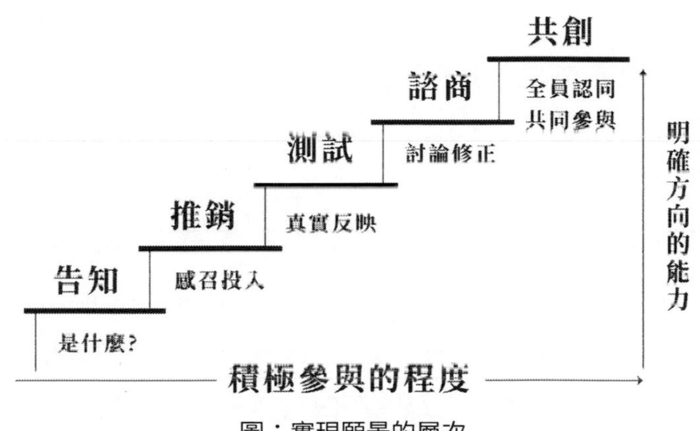

圖：實現願景的層次

1. 告知：

共同願景一旦形成就需要告知團隊中的每一位成員，如果這個共同願景無法打動團隊中個別成員，那麼領導者就需要考慮該成員是否適合團隊。

領導者在正面告知員工的時候需要坦誠並且清晰的說出願景的內容和現況，告知的方式可以多樣化，比如演講、郵件、會議等等。當員工對願景提出疑慮，領導者可以使用解釋願景的機會進一步說明變革的理由，清楚說明那些事情有修正的自由。同時領導者還要記住不要描述過多細節，把具體行動構想交給各個部門負責。

2. 推銷：

一個願景無論它是好還是壞，要團隊成員接受都不是立刻就能夠做到的。所以領導者在告知願景之後，還需要推銷願景。比如告訴團隊成員「我們應該這麼做」、「我相信這個願景，但是只有大家同舟共濟，我們才有可能成功。」推銷時要將把重心放在願景對員工的好處，引發他們主動投入

3. 測試：

願景宣布後還需要了解團隊成員對願景的反應。比如「這個願景哪部分打動了你？」、「哪部分令你無動於衷？」詢問員工的意見，會驅使他們認真討論願景。詢問的方式有多種，比如問卷、個人訪談、小組訪談、大型討論會等等

4. 諮商：

也許領導者建立的起的願景並不能讓大多數團隊成員滿意，此時願景則需要作出修改，而修改意見需要由團隊成員來提供。比如「我想要完善願景，但是我在行動之前想要了解你的想法。」在詢問的過程中可能會出現許多方案，但最終仍然應該由領導者來決定裁決

5. 共創：

任何一個團隊的願景都需要讓所有成員共同參與才可以實現，所以領導者要號召大家共同創造出所有人都嚮往的未來。這就要求領導者能夠平等對待每一個人；尋求相互合作，而不是粉飾異議；鼓勵休戚與共，容忍差異；把焦點放在深度會談，而不是願景宣言上。

願景是：為團隊描繪出一幅清晰、令人信服的、值得大家為之奮鬥的藍圖，並把這個藍圖清晰地印在每一個成員的心裡。

變中求勝，心領神會的領導藝術：
重新理解權力的本質，塑造有效的影響力，成為卓越的領導者

作　　者：潘鵬
發 行 人：黃振庭
出 版 者：財經錢線文化事業有限公司
發 行 者：財經錢線文化事業有限公司
E-mail：sonbookservice@gmail.com
粉 絲 頁：https://www.facebook.com/sonbookss/
網　　址：https://sonbook.net/
地　　址：台北市中正區重慶南路一段六十一號八樓 815 室
Rm. 815, 8F., No.61, Sec. 1, Chongqing S. Rd., Zhongzheng Dist., Taipei City 100, Taiwan
電　　話：(02)2370-3310
傳　　真：(02)2388-1990
印　　刷：京峯數位服務有限公司
律師顧問：廣華律師事務所 張珮琦律師

版權聲明

本書版權為文海容舟文化藝術有限公司所有授權財經錢線文化事業有限公司獨家發行電子書及繁體書繁體字版。若有其他相關權利及授權需求請與本公司聯繫。
未經書面許可，不得複製、發行。

定　　價：350 元
發行日期：2024 年 05 月第一版
◎本書以 POD 印製

國家圖書館出版品預行編目資料

變中求勝，心領神會的領導藝術：重新理解權力的本質，塑造有效的影響力，成為卓越的領導者 / 潘鵬著 . -- 第一版 . -- 臺北市：財經錢線文化事業有限公司 , 2024.05
面；　公分
POD 版
ISBN 978-957-680-876-0(平裝)
1.CST: 領導者 2.CST: 組織管理 3.CST: 職場成功法
494.2　113005219

爽讀 APP

電子書購買

臉書